正统朝

（一四三六年一月至一四五〇年一月）

○九八七　正统朝　营建成功

《古廉文集》卷二

营建纪成记

夫营建国家大事，为国家举大事而成之若无事者然，非其才贤公正足以任之而无分毫私者不能也。正统丁巳春，皇上以三殿朝会燕享之所，而九门与百官庶府皆所当营建者，乃命内官太监与工部臣计议以闻。议既定，上命阮某曰，经营图为悉以付汝，汝出总之，其往。钦哉。公既受命，营度规画，惟日孜孜。会其高下大小之材，计其金碧藻缯之物，量其事期缓急之序。与凡工匠力役之所出，权其轻重多寡，究其始终盈缩，度可以为之也，然后诹日兴工。众力齐举，万手偕作，不三载而都城九门，皇城四门成。又二载而三殿两宫以及祀天之所，观天之器，莫不皆成。又二载而五军六部，暨夫百司之署，賓客之館，亦莫不皆成。乃眷辟雍育才之地，不可以後，不三月而廟堂又成。公於是告厥成功。皇上嘉勞甚至，而錫賚優厚。公乃書其事始末來曰：吾受朝廷厚恩，無所報稱，罄竭心力，以圖効其分寸者，實在於此。幸為我記之。昔者成周之營洛邑，本武王之志，至於成王而後成之。成王之所以成洛邑也，召公、周公相繼而往，費心勞力，蓋亦不易矣。國朝遷都北京，營建之事，自太宗文皇帝以來三十餘年，猶未就緒。今皇上以至聖之德，纘承大統，守祖宗之成法，行寬仁之善政，海內富庶，一與休息。惟注意於此，簡任內臣以莅其事。於時百官皆修其職，四方皆以無虞，民心皆已安樂。是惟無作，作則翕然子來，無不應者。而六七載之間，興大役以建萬萬年不拔之丕基，而民不以為勞。但見宮殿樓觀巍然焕然，高聳乎宇宙，輝映乎日月，若未嘗有所為者然。於是過成周遠矣。蓋成周所以用役作者，殷民也。殷民服周之化淺，必待誥諭諄切而後能使之，是以難也。若我朝五聖之德澤，漸磨涵養之深，一旦有所興作，宜乎其歡欣鼓舞，聿來趨事。況二公以超卓之才，任事之際，又能以寬宏公正之心而行之，故其成功不勞而甚易也如此。予於是不獨有以知二公之賢，又有以見皇上知人之明而任人之專，雖三代聖君有莫能及。因公之請，特為記之，使後者有所考焉。

○九八八　正统间　营建三殿两宫　《今言》卷一

正統年間營建三殿、兩宫，包砌京城及修造各衙門，陞除匠官不過五六人。

〇九八九　**正统中　三殿新成**　《前闻记》

英宗免禮官罪

紀録彙編卷之二百二　十五　才

正統中，三殿新成。上御正殿受賀，大陳禮樂，百辟濟濟，一時偉麗之觀甚勝。而容臺鳴唱者，贊拜之際，偶眩於金碧煌煥，遂誤呼五拜。覺之，無及矣。廷中皆惕息，謂大失瞻望，譴戾必重。禮畢，糾儀官隨舉劾之。天顏忽笑曰，今日是好日子，只恐少了拜。既是誤多了也罷。其人謝恩就位，頃之，錫宴豊渥也。

〇九九〇　**正统中　三殿新成**　《翰林记》卷六

正統中三殿新成，學士楊溥受命草詔，夜直東閣作詩紀其事。

○九九一　正统中　革弘文馆　《病逸漫记》

弘文館在大内之西。正統中始革去。黄淮、金問嘗直事。

正統初選經筵官，閣下悉以翰林院官充選。時章后在内批云，如何不見居外賢良，以旨付弘文館。於是劉球等兇人自部屬進次經筵。

○九九二　正统中　改丽正门为正阳门　《日下旧闻考》卷四三

〔臣等謹按〕輟耕録，元至元四年正月城京師，分十一門，各門名俱是年所定也。明史地理志，永樂間改爲九門，麗正門尚沿其舊。正統中，改爲正陽門。本朝仍其名。

增城門上各起三滴水樓，凡九座。其月城外門上仍起敵樓，周圍各用甎石包甃。圖經志書

○九九三　正统间　改文明门为崇文门　《日下旧闻考》卷四五

【增】文明門卽哈達門。哈達大王府在門内，因名之。析津志

〔臣等謹按〕明史地里志，文明門，正統間改爲崇文門。本朝仍其名。

○九九四　正统初　改齐化门为朝阳门　《日下旧闻考》卷四八

【原】正東曰崇仁門，東之左曰光熙門，東之右曰齊化門。輟耕録 原在宫室門，今移改。

〔臣等謹按〕崇仁門久廢，齊化門正統初改爲朝陽門。本朝仍其名而俗猶稱齊化門。

○九九五　正统间　改顺承门为宣武门　《日下旧闻考》卷四九

〔臣等謹按〕順承門，明正統間改曰宣武，本朝因之，今人猶稱爲順承門。

〇九九六　**正统间　改平则门为阜成门**　《日下旧闻考》卷五一

原正西曰和義，西之右曰肅清，西之左曰平則。輟耕録

〔臣等謹按〕元西城三門，平則其西南門也。明永樂十九年改爲二門，西之北曰西直，西之南曰平則。正統間又改平則爲阜成，本朝因之，今俗猶稱平則門。和義、肅清二門，今俱無是稱矣。

〇九九七　**正统中　重修都城隍庙**　《春明梦余录》卷六六

元祐聖王靈應廟　即今都城隍廟，在城西刑部街。永樂遷都，新其廟宇。正統中重修。內有石刻北平府三大字，半埋土中，相傳下尚有城隍廟三字。

○九九八　正统中　拓建东岳庙

《帝京景物略》卷二

東嶽廟

廟在朝陽門外二里，元延佑中建，以祀東嶽天齊仁聖帝。殿宇廓然，而士女瞻禮者，月朔望日晨至，左右門無閒闥，座前拜席爲燠，化楮錢鑪，火相及，無暫熄。帝像巍巍然，有帝王之度，其侍從像，乃若憂深思遠者，相傳元昭文館學士藝元手製也。元，寶坻人，初爲黃冠，師事青州把道録，得其塑土範金摶换像法。摶换者，漫帛土偶上而髹之，已而去其土，髹帛儼成像云。始元欲作侍臣像，久之未措手，適閱秘書圖畫，見唐魏徵像，矍然曰：『得之矣，非若此，莫稱爲相臣。』遽走廟中爲之，卽日成。今禮像者，仰瞻周視，一一歎異焉。元仁宗嘗勑元，非有旨，不許爲人造他神像也。殿前豐碑三：趙孟頫楷書一，孟頫弟世延楷書一，虞集隸書一。正統中，益拓其宇，兩廡設地獄七十二司。

○九九九　正统中　重修东岳庙

陈纂《清一统志》卷一

東嶽廟

在朝陽門外二里。元延祐中建。有趙孟頫書張天師神道碑，及虞集隸書仁聖公碑，趙世延書昭德殿碑，列墀下。神像係元昭文館大學士劉元手塑。明正統中重修，有英宗御製碑記。

一〇〇〇　正统初年　建紫微殿　《昭代典则》卷二二，并见《春明梦余录》卷三九

北極中天星主紫微大帝。謹按象緯書有曰：北極五星在紫微垣中。一名天極。一名北辰。其北第五星名天樞。蓋極星之在紫微垣。萬里所宗。七曜三垣二十八宿。衆星所拱。爲天文之中正。又曰：紫微大帝之坐。天子之常居也。即今朝廷宮殿所在。乃其象焉。國朝正統初年建紫微殿一所。於大德觀之東。設立大帝之象。每遇萬壽聖節。正旦冬至。俱遣大臣一月祭告

一〇〇一　正统间　修葺三皇庙　《春明梦余录》卷二二

肆我成祖御宇，諏經稽典，正名定祀，尤以醫道關係民生至重，乃即太醫院立廟，以崇祀三皇。正統間，重加修葺。

一〇〇二　正统中　重建帝尧庙

《明一统志》卷二〇

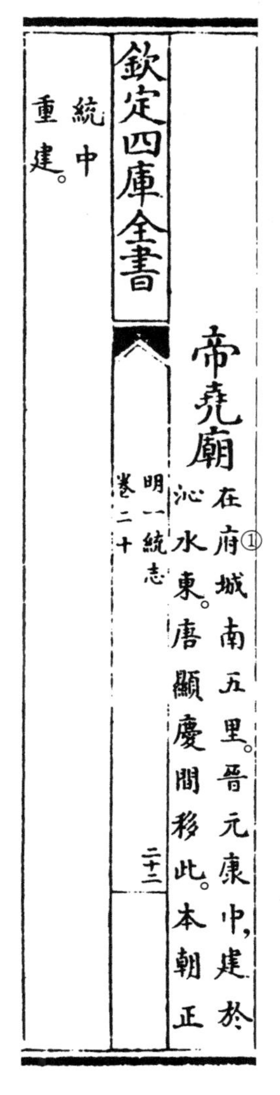
欽定四庫全書

帝堯廟在府①城南五里。晉元康中，建於汾水東。唐顯慶間移此。本朝正統中重建。

明一統志　卷二十

二十三

① 编者注：山西平阳府。

一〇〇三　正统中　重建杜甫祠

《明一统志》卷六七

杜甫祠在浣花溪上①，宋吕大防建。本朝洪武、正統中俱重建。

① 编者注：成都。

一〇〇四　正统间　重修文丞相祠

《明一统志》卷一

文丞相祠在府學[1]西。元殺宋忠臣丞相文天祥於此，既而名曰教忠坊，以旌異之。本朝為立祠，歲時致祭。正統間重脩，楊士奇有記。

① 编者注：顺天府学。

一〇〇五　正统初　敕建天师府

《罪惟录》传卷二六

正統初，勅建天師府於朝天宮內居之。

一〇〇六　正统朝　始建应天府社稷坛

万历朝程修《应天府志》卷二〇

本府

社稷壇在府治北金川門外，舊在城西南江寧縣，社稷同處。正統令應天府祀社稷，始建于此。

山川壇在府治東南雙橋門内。

都城隍廟在雞鳴山，學士劉三吾撰碑。凡本府官新任謁焉。

泰厲壇在府治西北神策門外。

應天府志祠祀　卷二　二

一〇〇七　正统初　程南云奉命书长陵碑

《日下旧闻考》卷一三七

〔原〕長陵碑，正統初，南城程南雲奉命書。　明武宗實録

一〇〇八　正统中　翰林院公署落成　《翰林记》卷二〇

正統中公署落成。時本院諸同官有志喜詩。學士楊溥詩曰，都邑羣工和會日，朝家三殿慶成時。經營翰苑勞宸慮，珍重斯文職論思。畫棟雲飛翔鳳閣，玉河冰出濯龍池。精勤喜有賢中貴，冰雪情懷檜柏姿。

一〇〇九　正统朝　宣宗御制翰林院箴揭于后堂　《殿阁词林记》卷一一

宣宗章皇帝宣德七年六月親製翰林院箴。其文曰，廷有司言，自周則然。後世寖用，愈密而重。策命所出，講學所資，機務之嚴，于度于咨。代有賢哲，博聞明識，克勵翼之，用光厥職。洛爾儒臣，朝夕左右，必端乃志，必慎乃守。啓沃之言，惟義與仁，堯舜之道，鄒孟以陳。詞尚典實，浮薄是戒，謀議所屬，出毖于外。心存大公，罔役于私，昔人四禁，汝惟勵之。獻納論思，以匡以益，以匹前休，欽哉無斁。大哉綸言，表彰萬世。守官者所敬遵也。今揭于院之後堂，朱髹漆榜，字用金塗之。

一〇一〇　正统朝　宣宗御制翰林院箴揭于后堂

《日下旧闻考》卷六四

原 宣德七年六月，賜御製翰林院箴，今揭於院之後堂，朱髹牓字，用金塗之。殿閣詞林記

一〇一一　正统中　都察院落成

《水东日记》卷六

都察院堂扁

今都察院堂中扁「肅政」二字當撤去，蓋前元及建文中有此銜號。宋以「觀文」稱殿，尚云誤犯煬帝舊名。此不知何時所書，正統中，院新落成，尚因之耳。

一〇一二　正统年　增置京卫七仓　《明会要》卷五六

正統中，增置京衛倉凡七。自兑運法行，諸倉支運者少，而京、通倉益不能容。乃毁臨清、德州、河西務倉三分之一，改爲京、通倉。已上食貨志。

一〇一三　正统年间　改旧礼部为京师试院　《涌幢小品》卷七

試院

京師試院攺作禮部爲之，乃正統年間事。

一〇一四　正统间　移进士题名碑于太学门外　《国朝典汇》卷六四，参见《图书集成·职方典》卷四四，《日下旧闻考》卷六七

國子監進士題名碑原在大成門下，正統間移於太學門外。

一〇一五　正统间　重建应天府学尊经阁

《明一统志》卷六

尊經閣 在府學①明倫堂後。蓋宋之御書閣，後燬於火。本朝正統間重建。

① 编者注：应天府学。

一〇一六　正统朝　兴复庐山白鹿书院

《明史》卷二八一

翟溥福，字本德，東莞人。永樂二年進士。正統元年七月詔舉廷臣堪爲郡守者，源以溥福應，乃擢南康知府。地濱鄱陽湖，舟遇風濤無所泊，爲築石堤百餘丈，往來者便之。廬山白鹿書院廢，溥福倡衆興復，延師訓其子弟，朔望躬詣講授。

考績赴部，以年老乞歸。侍郎趙新嘗撫江西，大聲曰：「翟君此邦第一賢守也，胡可聽其去。」懇請畀日，乃許之。辭郡之日，父老爭齎金帛，悉不受。衆挽舟涕泣，因建祠湖堤祀之，又配享白鹿書院之三賢祠。三賢者，唐李渤，宋周敦頤、朱熹也。

一〇一七　正统初　兴复庐山白鹿书院

《明会要》卷二六

正統初，翟溥福知南康府。廬山白鹿書院廢，溥福倡衆興復。本傳。

一〇一八　永乐至正统年间　建顺天府重熙等寺

《明一统志》卷一

重熙寺　在府东。又有宝磬寺、柏林寺、重佛寺、訂恩寺、報恩寺、正覺寺、福安寺、彌陀寺、普通寺、法華寺、靈惠寺、護國寺、延禧寺、智化寺、文殊寺、海會寺、大寧寺、南海會寺、安福寺、普照寺，亦在府東，俱永樂、洪熙、宣德、正統年間建。①

欽定四庫全書　明一統志　卷一　三十一

① 编者注：顺天府。

一〇一九　洪熙至正统年间　建顺天府旋罗等寺

《明一统志》卷一

旋羅寺在府西[1]。又有義利寺、萬寧寺、觀音寺、崇善寺、福寧寺、宏教寺、西域寺、西竺寺、廣善寺、秀峯寺、覺山寺、隆恩寺、真覺寺、雪峯寺、普照寺、普光寺、勝果寺、資福寺、廣濟寺、永安寺、金山寺、圓静寺、玉華寺、崇化寺、鎮國寺、寶塔寺，亦在府西，俱洪熙、宣德、正統年間建。

①　编者注：顺天府。

一〇二〇　正统间　重建顺天府广恩寺

《明一统志》卷一

廣恩寺在府[1]西一十五里，舊名奉福寺，正統間重建。

①　编者注：顺天府。

一〇二一　宣德正统年间　建顺天府崇福等寺

《明一统志》卷一

崇福寺　在府[1]南。又有南通寺、夕照寺、地藏寺、大悲寺、慈源寺、天慶寺、洪恩寺、白馬寺、寧國寺、萬壽寺、法雨寺、得雲寺、萬善寺、妙智寺、安化寺、法藏寺、圓通寺，亦在府南，俱宣德、正統年間建。

① 编者注：顺天府。

一〇二二　宣德正统年间　建顺天府开化等寺

《明一统志》卷一

開化寺　在府[1]北。又有實嚴寺、法通寺亦在府北。俱宣德正統年間建。

① 编者注：顺天府。

一〇二三　正统间　重建大兴隆寺　《明一统志》卷一

大興隆寺在府[1]西南。舊名慶壽寺。内有飛虹、飛渡二橋，石刻六大字極遒勁，相傳金章宗書。又有金學士李晏碑文。寺前有海雲、可庵二塔。本朝正統間重建，改今名。僧録司在焉。

① 编者注：顺天府。

一〇二四　正统初　重修宏慈寺　《明一统志》卷一

宏慈寺在府[1]西北，舊名興國寺。元建。本朝正統初重修，改今名。

① 编者注：顺天府。

一〇二五　正统间　改圣安寺为普济寺

《日下旧闻考》卷四一

考聖安寺明正統間改爲普濟寺，寺有二碑，詳修葺始末。閱年既久，頹圮特甚。兹奉敕重修，復以聖安爲名，其寺中舊有銅像，視栴檀像較小，不足傳信。特命迎奉大内，詔所司虔選栴檀，肖瑞像雕製，還之聖安寺，以存舊蹟。

一〇二六　正统中　重修天宁寺

《春明梦余录》卷六六，并见《天府广记》卷三八

隋天王寺　今之天寧寺。開皇中建，唐開元中脩，明正統中重脩，始改今名。内有塔高十三尋，每每現光，其影入殿之門窓隙内，一塔散爲數十塔，影皆倒也。

一〇二七　正统中　修天宁寺

《图书集成・职方典》卷四六

析津日記。寺在元魏爲光林，在隋爲弘業，在唐爲天王，在金爲大萬安。宣德中修之，曰天寧。正統中修之，曰萬壽戒壇。名凡數易。訪其碑記，開皇石幢已失所在，即金元舊碣亦無片石矣。蓋此寺本名弘業，而王

元美謂幽州無弘業寺。劉同人謂天寧之先不爲弘業，皆考之不審也。

一〇二八 正统时 造功德寺佛像

《涌幢小品》卷一

功德寺

四友齋云，京師功德寺後宫像設工而麗。僧云，正統時 張太后常幸此，三宿乃返。 英廟尚幼，從之遊。宫殿别寢皆具。太監王振以爲后妃遊幸佛寺，非盛典也，乃密造此佛成。請 英廟進言於 太后曰，母后大德，子無以報也，已命裝佛一堂，請致功德寺後宫，以酬厚恩。 太后大喜，許之。復命中書舍人寫金字藏經，置東西房。自是，太后以佛及經在，不可就寢，遂不復出幸。當時名臣尚多，而使宦者爲此，可歎也。

一〇二九　正统间　赐上下华严寺额

《长安客话》卷三，参见《图书集成·职方典》卷四七，《日下旧闻考》卷八五

上華嚴寺下華嚴寺並正統間建額，卽英廟所敕賜也。

華嚴寺有洞二，一在山腰若鼠穴，道甚險。一在殿後，深數十武，曰七真洞。（或云卽翠華洞。）寺北石壁甚巉，亦有泉噴出，作裂帛聲，俗稱裂帛泉。

一〇三〇　正统间　建上下华严寺

陈纂《清一统志》卷五

華嚴寺在宛平縣裂帛湖南有上下二寺俱明正統間建左有洞曰翠華中有石牀可憩息殿後有洞曰七眞洞中石壁刊元耶律楚材鷓鴣天詞

一〇三一　正统中　建万寿寺戒坛

《帝京景物略》卷七

戒壇

都城中西望，一山高秀如駝脊，上峯如側方山冠子者，戒壇後五里極樂峯也。遊者至戒壇止，無問向峯者，則於望未至時，習指曰：戒壇山。凡望山，正猶積翠，一片一埰爾。又遠之，而黛淺，又近之，翠則微矣。極樂峯遠黛有增焉，近翠獨不減。出阜成門四十里，渡渾河，山肋疊，徑尾岐，辨已。又西三十里，過永慶菴，盤盤一里而寺，唐武德中之慧聚寺也。正統中，易萬壽名，勅如幻律師説戒，壇於此。殿墀二松，數百年矣。坊西向，曰選佛場，殿中壇焉，白石臺三級也。周列戒神數百，神高三尺者二十四，冑弁戎服，或器械具；高以尺者甚衆，妖鬼男女還焉，其部也。異燈異香，頒自內府。設香木座十。上三座：中，衣鉢傳燈本壇和尚坐；左，羯磨阿闍黎坐；右，教授阿闍黎坐。旁左三右四座，尊證阿闍黎坐也。壇而南，優波離殿，供優波離尊者，佛十大弟子，持戒第一也。殿外，金、遼碑各一。上千佛閣，俯渾河，正曲，勾其三面，如玦然。閣之下，幻師安禪處，其遺衣鉢藏焉。

一〇三二　正统中　改聚慧寺为万寿寺

《春明梦余录》卷六六，并见《天府广记》卷三八

唐聚慧寺　武德中建。正統中，改萬壽寺，在城西戒壇。

一〇三三　正统年　敕建灵光寺

《苑署杂记》卷一九

靈光寺在黄村，正統年勑建。

一〇三四　正统中　改建清凉寺

陈纂《清一统志》卷五

清涼寺在宛平縣西盧師山，舊名盧師寺，明正統中改建，

一〇三五　正统间　重建香山寺

《天府广记》卷三八

金甘露寺，即香山寺，建於大定中。明正統間，内侍范宏重建，費銀七十餘萬。旁一軒萬曆御題曰來青。

一〇三六　正统间　建永安寺来青轩

《图书集成·职方典》卷四七

懷麓堂集。永安寺來青軒軒居山半，俯瞰叢樹，青黄相雜。循廊而上，殿閣崇麗，與平坡並峙。正統間太監范弘所建。

一〇三七　正统间　重新白云观

《明一统志》卷一

白雲觀在府[①]西南一十五里，舊名太極宫。金建。元太祖聞東萊邱處機有道行，召對，皆敬天愛民之言。太祖嘉納之，遂命住焉，因改名長春宫。本朝正統間重新之，改今名。

①编者注：顺天府。

一〇三八　正统中　重修白云观　陈纂《清一统志》卷五

白雲觀在府①西南西便門外一里。舊名太極宮，金建。元太祖聞棲霞邱處機有道行，召至雪山，後東還，命居於此。改名長春宮。明正統中重修，改名。都人正月十九日致醊祠下，謂之燕九節。

① 编者注：顺天府。

一〇三九　正统朝　重修白云观　《日下旧闻考》卷九四

【原】胡濙重修白雲觀碑略　白雲觀在都城西南三里許，乃邱真人藏蜕之所。洪武二十七年，太宗文皇帝居潛邸時，重建前後二殿，廊廡庫廚及道侶藏修之所。宣德三年，太監劉順建三清殿。正統三年，道士倪正道募建玉皇閣。正統五年，復建處順堂以奉長春。正統八年，建衍慶殿於玉皇閣之前，重修四帥殿及山門，建靈星門於外。繚以周垣，植以嘉木。茲觀至是始大，視舊有加云。正統九年立石。

一〇四〇　宣德正统年间　建清真寺　《明一统志》卷一

清真寺在府①東南。又有月河寺，亦在府東南。俱宣德正統年間建。

① 编者注：顺天府。

一〇四一　正统间　赐应天府宁海等寺额

《明一统志》卷六

寧海寺在府南三十五里。[1]弘濟寺在府東北四十五里。德壽寺在府南一十五里。廣惠寺在府東南三十五里。普德寺在府南。廣緣寺在府南二十五里。翼善寺在東山之側。通善寺在府西南二十里以上。八寺俱正統間賜額。

① 编者注：应天府。

一〇四二　正统间　赐建宁海寺

《图书集成·职方典》卷六六一

寧海寺，在聚寶門外三十里。明正統間中使至西洋諸國，船回遇海風作，念佛號解脫。奏聞，賜建。

一〇四三　正统初　赐弘觉寺额

弘覺寺在安德鄉牛首山，舊名佛窟寺。梁天監中司空徐度建。唐大曆中建浮圖七級，于峯頂劉禹錫有記。宋太平興國中改崇教寺。國朝正統初賜今額。

万历朝汪修《应天府志》卷二三，并见万历朝程修《应天府志》卷二三

一〇四四　正统间　赐弘觉寺额

弘覺寺在牛首山。梁天監間司空徐度建，名佛窟寺。唐大曆元年代宗因感夢，勅修浮圖七級，相峙東西峯頂。宋太平興國二年更名崇教寺。明正統間改賜今額。兹山爲唐法融禪師開教處，入門有白雲梯石磴百級，銀杏一株蔭蔽天日。緣石徑而上爲觀音閣，爲兜率崖，又上爲文殊洞。洞旁有閣，明羅洪先題曰含虛閣，臨且圮。康熙丙午太守陳開虞拓而新之，巒壑萬狀，踞牛首之勝。勒石爲記。

康熙朝《江宁府志》卷三一，并见《图书集成·职方典》卷六六一

一〇四五　正统间　赐翼善寺额

翼善寺　在土山，即謝安東山高臥處。梁名資福院，武帝時寶公説法於此。宋元改淨名寺。明正統間始賜今額。

《图书集成·职方典》卷六六一

一〇四六　正统中　重建金陵寺

金陵寺　在馬鞍山。正統中重建。

万历朝汪修《应天府志》卷二三

一〇四七　正统中　重修金陵寺赐额

卷六六一

金陵寺在馬鞍山。唐沙門貫休建。明正統中内使金普英重修，賜額。崇禎中盧山僧融城居此。墓塔在山後。今其徒隱明嗣法南澗，開禪于此。山門重新，寺後遂有亭，晉安董崇相所建。太史焦竑爲之記。

康熙朝《江宁府志》卷三一，并见《图书集成·职方典》

一〇四八　正统中　建永福寺赐额

卷二三

永福寺在能仁寺東。正統中建，賜額。

万历朝汪修《应天府志》卷二三，并见万历朝程修《应天府志》

一〇四九　正统中　建永福寺赐额

卷六六一

永福寺在天竺山前能仁寺東。正統中建，賜額。有孔雀臺。弘治辛酉重建。

康熙朝《江宁府志》卷三一，并见《图书集成·职方典》

一〇五〇　正统中　建嘉善寺赐额

卷六六一

嘉善寺在鐵石山。明正統中僧法通建寺，賜今額。山椒有石佛閣，蒼雲崖、一線天。奇石綺錯，崖壑幽勝。焦竑爲之記。

康熙朝《江宁府志》卷三一，并见《图书集成·职方典》

一〇五一 正统间 重建崇化寺赐额

卷六六一

崇化寺與嘉善寺相連，古高峯院。明正統間重建，賜額，有吏部尚書魏驥碑。崖下有泉，沸起水面若散花，故名梅花水。

康熙朝《江宁府志》卷三一，并见《图书集成·职方典》

一〇五二 正统间 重建德恩寺赐额

卷六六一

德恩寺在西天寺東，昔普光寺基。明正統間重建，奏賜今額。嘉靖間燬，惟殿存。今重修。

康熙朝《江宁府志》卷三一，并见《图书集成·职方典》

一〇五三　正统间　赐灵应观额

靈應觀　在靈應山，與石城門近。宋名隆恩祠。明正統間住持俞用謙奏賜今額。山下有潭曰烏龍潭，可百餘畝，祈雨有驗，故以靈應名。今爲都人士放生之所。

《图书集成·职方典》卷六六一

一〇五四　正统中　建栖真观赐额

棲眞觀在安德鄉。正統中建，賜額。

万历朝汪修《应天府志》卷二三，并见万历朝程修《应天府志》卷二三，康熙朝《江宁府志》卷三二，《图书集成·职方典》卷六六一

一〇五五　正统年　建朝真观赐敕

康熙朝《江宁府志》卷三二，并见《图书集成·职方典》卷六六一

朝真觀在長壽山，淳化鎮東。明正統年建，道士葛可澄請道藏，賜勅。

一〇五六　正统间　赐光福寺名

《明一统志》卷七三

光福寺在都司城南一十里，唐天祐間建。舊名瀘山寺，本朝正統間賜今名。①

① 编者注：四川行都指挥使司（西昌）。

一〇五七　正统中　赐普慧寺额

康熙朝《清一统志》卷三四〇

普慧寺在畢節縣東一里，明正統中賜額。

一〇五八　正统年　赐清真观名

《图书集成·职方典》卷五七七

太清宫　在城内南街。旧有观宇，元大历年塑像。明永乐年重修。正统年赐名清真观。

编者注：①陕西凉州卫。

一〇五九　正统中　彩绘宫殿拟用牛胶

《玉堂丛语》卷二

正统中，綵繪宫殿，擬用牛膠萬餘斤，勑巡撫尚書周公忱供辦。會公以議事之京，遇諸塗，勑使請公還治。公曰："第行至京，自有處分。"至京，言京庫所貯皮張，歲久朽壞，請出煎膠應用。回治即撥餘米買皮，照數輸納，以新易陳，兩得其便。

一〇六〇　正统朝　诏取牛胶资彩绘

《罪惟录》传卷一一

三殿重建，詔取牛膠萬餘觔資綵繪。會忱入朝，請京庫腐牛皮出煎膠，俟歸市皮還庫。

一〇六一 正统间 重修卢沟桥 《长安客话》卷四，并见《天府广记》卷三六

盧溝河，金時呼黑水河，橋亘周行，金明昌初建，本朝正統間重修，長二百餘步。左右石欄刻爲獅形，凡一百狀，數之輒隱其一。

一〇六二 正统间 造安济桥 《天府广记》卷三六

跨沙河亦有橋，正統間造，賜名安濟。

一〇六三 正统年 建朝宗桥 《图书集成·职方典》卷一五

朝宗橋 在州[1]鞏華城北，明正統年建。

① 编者注：昌平州。

景泰元年

（一四五〇年一月十四日至一四五一年二月一日）

一〇六四　景泰元年正月初五日　命于天寿山之南筑城

命於天壽山之南築城，周圍十二里，以居長陵、獻陵、景陵三衛官軍，并移昌平縣治于内。

《明英宗实录》卷一八七，参见《图书集成·职方典》卷三七，《日下旧闻考》卷一三七

一〇六五　景泰元年正月初六日　禁大兴隆寺僧不许开正门

禁大興隆寺僧不許開正門、鳴鐘鼓，并毁寺前第一叢林牌樓、香爐、旛竿。從巡撫山西右副都御史朱鑑言也。

《明英宗实录》卷一八七

一〇六六　景泰元年正月十七日　于东直等三门外筑场练兵

總兵官武清侯石亨奏，五軍三千神機三營官軍二十餘萬，見於東西二教場操練。人馬數多，布陣窄狹，難於教演。宜挑選遊兵一萬，哨馬一萬，敢勇一萬，異其號色，分遣東直、西直、阜城門外空地築場。别選善戰廉幹武臣管領、操習，臣等往來比驗勤怠。詔兵部同三營官議行之。

《明英宗实录》卷一八七

一〇六七　景泰元年正月　筑城天寿山南

築城天壽山南。勅邊將出塞守堡。

《明书》卷九

一〇六八 景泰元年正月 筑城天寿山南

《通鉴纲目三编》卷一一

築城天壽山南。

名曰永安，以居陵衛官軍。三年移昌平縣治于內。質實，永安城即今順天府昌平州治。州在府北少西七十里。舊治白浮圖城在今州西八里。

一〇六九 景泰元年闰正月初二日 建汤阴岳飞庙

《明英宗实录》卷一八八

翰林院侍講徐珵言，臣近蒙差往河南彰德府召募民壯，道經湯陰縣，問流社詢知，宋臣岳飛生于其地，飛之祖塋猶在。飛起自民間，應募勤王，大立戰功，①佐成中興之業。殁後葬于杭州，墓木南拱。至今廟食。湯陰實飛所生之地，理宜建廟祀之。皇上臨御凡天下祀典，並令有司修舉。竊今方將奮揚神武，復仇雪恥，滅彼賊虜，以成中興之功，有如飛者。宜令建立廟宇，春秋祭祀，則不惟湯陰之民知所激勸，而在朝將士以及天下之人，亦莫不知所激勸，而興起其忠義之心矣。當從之。

① 大立戰功　抱本中本功下有屢破金虜四字，是也。

一〇七〇　景泰元年闰正月初五日　拆通州空仓盖造于京师

《明英宗实录》卷一八八

户部以天下所輸粮多，請拆通州空倉，蓋造於京城空地。從之。

一〇七一　景泰元年闰正月初五日　移通州空仓于京师

《国榷》卷二九

庚戌。移通州空倉于京師。

一〇七二　景泰元年闰正月初八日　遣散卫河两岸守砖官军

山西太原府寿县主簿　本言，衛河兩岸上自衛輝下抵長蘆，永樂初設窯廠燒磚，今已停。廠房傾頹，窰竈坍塌，止有官旗、軍夫守磚，占耕民田，費用月粮。乞將沿見積未運磚令所在官司如數守支，革官旗、軍夫回衛，田地盡還民耕種。從之。

①本中本沿下有河字，米作未，是也。

《明英宗实录》卷一八八

一〇七三　景泰元年闰正月十二日　缓修南京山川坛等工

丁已，南京工部奏，山川壇及歷代帝王廟并城垣、倉廠、報恩寺①，先命脩理，未及完備，適奉詔停止。然此皆非不急之事，請從併脩完。帝曰，百姓方艱，兆郜未靖，姑緩之。

①報恩寺　抱本中本報上有大字，是也。

《明英宗实录》卷一八八

一〇七四 景泰元年闰正月二十八日 韩王薨遣官葬祭

《明英宗实录》卷一八八

韓王範抑①薨。王韓恭王第四子，母夫人余氏，永樂十九年生，正統二年冊封西鄉王，十一年襲封韓王。至是薨，年三十。訃聞，帝輟視朝三日，謚曰靖。妃劉氏，西安俊衛②指揮僉事定之女，正統三年冊爲西鄉王妃③，十一年冊爲韓王妃。以王薨自盡，謚曰貞烈。俱遣官葬祭。宮人于氏亦自盡。

① 範抑 舊校改抑爲埛。
② 西安俊衛 抱本中本俊作後，是也。
③ 冊爲西鄉王妃 抱本爲作封。

一〇七五　景泰元年闰正月二十九日　令钦天监踏勘筑立墩台

少
保兼兵部尚書于謙言四事。
一京城四面因
無墩臺瞭望，冦至不能知其遠近及下營去處，卒難隄備。可于
四面離城一二十里或三十里築立墩臺，以便瞭望。帝曰，所
言甚善。今後內外官，但有畏煽棄城者，必殺不宥。築立墩臺，其
令欽天監踏勘畫圖來看。

《明英宗实录》卷一八八

一〇七六　景泰元年闰正月　建岳飞庙于汤阴

景帝景泰元年閏正月建岳飛廟於湯陰。
翰林院侍講徐珵言，臣以招募民壯至河南彰德府，
道經湯陰縣周流社，宋臣岳飛實生其地。飛以應募

《清朝文献通考》卷八五

勤王，大立戰功，佐成中興之業。理宜廟食。矧今方將奮揚神武，復讎雪恥，成中興之功，如飛者。宜令建立廟宇，春秋祭祀，使將士知所激勸。從之。廟成，賜額精忠。

一〇七七 景泰元年二月初二日 复书庆王不允移居腹里地方

《明英宗实录》卷一八九

復書慶王秩煃曰：承喻。以賊掠城外人馬，府中驚懼，欲移居腹裏地方。然城守終久監固①，太平之日爲多。封國是 祖宗分定之地，若擅移居，則寧夏人心自此驚疑，非國之利。宜自安慰，鎮靜以居。專此奏復②。又復安化王秩炵書，亦如之。

① 監固 抱本中本監作堅，是也。
② 奏復 抱本中本奏作奉，是也。

一〇七八　景泰元年三月初八日　毁辽王府

毀遼王府。府在廣寧城之西偏，年久摧壞，故毀之。

《明英宗实录》卷一九〇

一〇七九　景泰元年三月二十九日　岷王薨命有司营葬

癸酉，岷王楩[①]薨。王　太祖高皇帝第十七子，洪武十二年生，二十四年册封。至是薨，享年七十二。訃聞，輟視朝三日，謚曰莊。遣官諭祭，命有司營葬。

《明英宗实录》卷一九〇

① 岷王楩　抱本中本楩作梗，是也。

一〇八〇 景泰元年四月十七日 命修南京天地社稷等坛 《明英宗实录》卷一九一

命脩南京 天地、社稷壇、大祀殿及亭廚、齋庫。

一〇八一 景泰元年五月十三日 置居庸关公馆 《明英宗实录》卷一九二

置居庸關公館。

一〇八二 景泰元年五月十七日 命修南京江东等十四门 《明英宗实录》卷一九二

命修南京江東等十四門牆垣、柵欄，及城樓、官廳、臺基等處。

一〇八三　景泰元年五月二十八日　雷雨淹没南京军储仓米

是夜，南京雷電大雨，水渰没通濟門外軍儲倉米一萬四千三百四十餘石，中和橋草場草一十七萬一千三百六十餘包，并漂没蘆席竹木各十數萬。

《明英宗实录》卷一九二

一〇八四　景泰元年六月初一日　命修筑通济河岸

久雨，决通濟河東西岸。命有司修築之。

《明英宗实录》卷一九三

一〇八五　景泰元年六月十六日　京城外筑墩台烟墩

《明英宗实录》卷一九三

武清侯石亨言，關門一帶山口雖已築塞，賊猶漫山徑過，須斷其半山可行之處。京城四面宜築墩臺，以便瞭望。署都督僉事劉鎧言，京師與懷來止隔一山，請自懷來築煙墩，直至京師土城，遇事令舉火以報。從之。

一〇八六　景泰元年六月十七日　诏修理南京城垣官舍民居

《明英宗实录》卷一九三

先是，南京風雨，江水泛漲，壞城垣、官舍、民居甚衆，拔神宫監樹木二十餘株。至是，詔有司修理之。

一〇八七　景泰元年六月二十二日　敕大臣筑临清城池

《明英宗实录》卷一九三

甲午，敕平江侯陳豫、副都御史孫曰良、洪英，巡按山東御史及山東都司、布政司、按察司曰，臨清係南北水陸要衝，倉粮動經數十餘萬。加以四方供輸，軍民漕運，商旅買賣，公私貨物，並在道路，其數不可勝計。非有城池可恃，倘遇有警，將何所守。敕至爾英等并三司堂上正官，即親詣臨清會同爾豫等，趁此寇聲息稍緩之時，量起倩居民人等築城，以安軍民，以護粮儲，以守閘壩。物料或官爲措辦，或自行設法。當於何時起工，計至何時可完。毋分晝夜，作急整理，不許似前遷延①怠忽，致誤事機。如或未能築城，別有長策可以保護，亦須明白開奏，不許視爲泛常，互相推調。尤須撫諭所在軍民，不許虚相傳報聲息，輒自遷徙，因而拋荒家業，自貽後悔。爾其欽承朕命，毋怠毋忽。

①　不許似前遷延　　廣本似作仍。

一〇八八　景泰元年六月三十日　广东布政司右参政郭循卒

《明英宗实录》卷一九三

廣東布政司右參議[①]郭循卒。循字循初，廬陵人，儀觀甚偉，言動有則。富才識，以詩經授徒，多登科第，有至第一甲者。循由進士爲刑部主事。有盛稱，宣德間開拓西內皇城，大興土木，循極諫不可，以謹累至大內問之。循不屈，乃射傷其顛，血流被面，仍監錦衣衛獄。正統改元，遇恩宥復職，陞郎中。尚書魏源薦陞廣東布政司參政。海寇作亂，剿捕有功，感疾卒。

① 右參議　廣本抱本議作政，是也。

一〇八九　景泰元年七月初一日　筑京城外墩台

《明英宗实录》卷一九四

築德勝門北雙線鋪及東直門外望京村墩臺。

一〇九〇　景泰元年七月二十七日　诏量发军夫修筑临清城

先是，以山東臨清縣爲南北水陸要衝，敕平江侯陳豫等城其地。至是，豫以興工聞。詔量發軍夫修築，毋騷擾於人。

《明英宗实录》卷一九四

一〇九一　景泰元年七月　新建南京武学夫子庙成

新建武學夫子廟碑記　武學夫子碑

聖朝設太學以崇文，設武學以訓武，文以致太平，武以戡禍亂。文武兼資，長久之術也。夫以二帝三王之聖，文德足以懋洽矣，而猶不免于三苗葛伯崇密牧野之師，非好用干戈也，勢有不得已耳。此武事所以不可不講也。稽諸唐開元之世，嘗置師尚父廟，配之以留侯張良，哲之以古名將十人，祭之以春秋二仲上戊，牲樂皆視文宣王。貞元初，尊太公爲武成王，列

《陈文定公澹然全书》

古今名將六十人、圖其像而配享焉、宋慶曆至紹興又建武學于武成王廟、設教授武博武諭博士學諭

等官、選文武知兵者任之、而教學者以兵書弓馬武藝不一之事、當時程子嘗判武學。朱子亦嘗爲武學博士。可謂重矣。　國家偃武修文八十餘年、而武生恒寓教於應天郡庠、師不專其訓、弟子不專其業、廢弛多矣。乃正統壬戌、監察御史彭勗以爲言、　朝廷命別設武學、得吉地于南京敦化坊、選除教授訓導以專教京衛武官之子、習讀兵書、纂次歷代用兵成敗、及忠義可訓者、講釋之、冀其有成也、掌南京中軍都督府事豐城侯李公賢、叅贊機務兵部尚書徐公

琦，疏請復創先師孔子廟于是學之東，奉安聖賢牌位于殿于廡，一遵太學之制，邃穆軒敞，金碧焜燿。凡遇朔望，師生謁拜于階墀之下，肅雍瞻仰，莫不悚然而起敬，猗歟盛矣。起事于正統戊辰十月，訖工于景泰庚午七月，首倡是議者，則李、徐二公，贊之襄之則工部尚書周公忱、都察院右都御史張公純、都督僉事趙公倫也。百工告成，乃相與請予言爲記。惟孔子之道，廣大配天地，昭明侔日星，前乎百王之既往，其德因之而益顯，後乎百王之方來，其治資之以爲法，正三綱而叙五常，尊中夏而賤夷狄，禮樂征伐，文武弛張，莫不繇孔子而後定，誠所謂萬世所永賴者也。或曰前代尊武成王，俾廟享于武學之中，今而易以孔子，竊恐名之弗稱也。嗟乎，是何足以知孔子哉。孔子用兵之法，乃帝王仁義之師也，其言具載六經。若易之師卦有曰：師出以律，否臧凶。又曰：小人勿用。

書之牧誓曰不愆于五伐六伐七伐乃止齊焉勗哉夫子詩之皇矣則曰是致是附是肆是絶得弛張之道焉春秋夾谷之會齊師鼓譟而起孔子折之以禮

而齊侯知愧禮之王制天子出師受成于學執有罪釋奠于學以訊馘告是皆王者仁義之師宏綱大紀之要孔子録之以垂憲于萬世者如此兵書云乎哉使司敎者先曉之以六經行師之正而又諭之以七書料敵制勝之奇講釋習熟無非文武之道異日出爲 朝廷之用盪滌邊陲策勳立業將不在于古名將之下斯上不負建學立師之盛典下不負諸名公作興勸勵之盛心庶其可無愧矣諸生勉乎哉是爲記

一〇九二　景泰元年八月初二日　修理南京朝阳门外养牲房

癸酉，南京光禄寺奏，五月間大水，朝陽門外養牲房皆壞。乞令南京工部修理。從之。

《明英宗实录》卷一九五

一〇九三　景泰元年八月初九日　敕礼部具迎接太上皇帝仪注

庚辰，勅禮部具迎接朝見　太上皇帝儀注。

兵部及各營總兵官嚴整軍馬，防備不虞。太子太傅、禮部尚書胡濙言，宜令本部遣堂上官一人至龍虎臺，錦衣衛遣指揮二人并官校，執册陞駕輦轎至居庸關。各衙門分官至土城外，總兵等官至教場門，迎接行禮。　太上皇帝車駕自安定門入，進東安門，於東上北門南面坐。　皇帝出見畢，文武百官朝見，行五拜三叩頭禮。　太上皇帝自東上南門入南城大内。詔從之。

命禮部左侍郎儲懋至龍虎臺，錦衣衛指揮僉事宗鐸領轎馬

《明英宗实录》卷一九五

至居庸關，劉敬領其陸駕至安定門內。仍命安遠侯柳溥率領馬步官軍沿途迎接。溥請給神銃、毛馬、響鈴等件，不許。

一〇九四 景泰元年八月十九日 以太上皇帝还京大赦天下

《明英宗实录》卷一九五

庚寅，以 太上皇帝還京，遣寧陽侯陳懋、安遠侯柳溥、駙馬都尉焦敬、石璟祭告 天地、宗廟、社稷、山川之神。遂頒詔大赦天下。詔曰：朕奉 先帝聖體之遺，適值國家中衰之運，痛幾務擅專於權倖，致 大兄誤陷於虜庭。賴 天地、 祖宗眷佑之陰，荷 母后、臣民付託之重，授朕大位，俾紹鴻圖，慰安人心，奉承 宗祀。雖神器有可保，奈王業以多艱，夷虜內侵，蠻苗外擾，方茲攘除已定，尚猶宵旰靡寧。顧戚賊之難，威思以誠，而懷忍肆，屢遣人重齎金帛投虜所好，迎復 大兄。奈頑便而弗悛，豈忍離之可匿。方圖大舉，遠兆彰聞，逆虜革心，翻然畏服。乃自今年七月以來，遣其親信伏闕朝貢，[1]固請講和，至于再三。悔見乎辭，欲浮于過。朕不得已爲親而屈，厚加金帛，遣使偕行，亦謂德可動天，自信誠能化蔡。八月十五日，[2]其太師也先果遣五百餘騎，奉送大兄還京。臣庶交懽，宮廷胥慶。然朕即位之初，已嘗祗告天地、宗社，上大兄尊號曰太上皇帝。禮惟有隆而無替，義當以卑而奉尊。雖未酬復怨之私，姑少遂厚倫之願。爰稽恩典，溥及臣民，所有寬恤事宜，條列于後。

一，文武官吏、監生、生員、旗校、軍民匠作人等，有爲事問發，見做工、運糧等項者，悉宥其罪。官吏人等復還職役，軍還原伍，匠仍當匠，民放寧家。其文官有犯贓罪者，發還原籍爲民。

果有年老殘疾，不堪供役，願回原籍者聽從其便。該補替者照例補替。匠人失班在逃該罰役者宥免，止當正班。有等在京住坐又令原籍戶丁③赴京重輪班者，所司與查理分豁。

① 伏闕朝貢　廣本抱本及皇明詔制闕作闕，是也。

② 八月十五日　皇明詔制八上有乃字。

③ 又令原籍戶丁　詔制又作及。

一〇九五　景泰元年八月十九日　阅视南京大臣言守备之策

《明英宗实录》卷一九五

大理寺右寺丞李茂言，奉命閱視南京，其兵備實多廢弛，且以所急言之。南京爲　祖宗根本重地，所宜高城深池，以備萬一之虞。今各門城樓未設塹拔，并鎖鑰、礮銃之備皆無。近城山坡可以通人往來，而巡鋪有去城十餘步外者，過塹何倚以爲固。又言軍士貴練習，兵器貴堅緻。南京官軍舍餘雖常操練，然止用紙布盔甲，臨敵豈能捍堅執銳。操江戰船多有朽敝不堪，遇戰豈能出奇取勝。乞勅該部移文守備文武之臣，原未設者設之，原有而敝者修之。接城山坡空掘陡峻，以斷人行。巡鋪遠者從宜近之，以嚴守備。則城池有金湯之固，軍士熟戰攻之具，而外患不足憂矣。從之。

一〇九六　景泰元年八月　上皇入居南宫

《通鉴纲目三编》卷一一

上皇至京師，入居南宫。赦。

上皇至自東安門入。帝迎拜，上皇答拜，相持泣。各述授受意，推遜良久。帝遂送上皇至南宫，百官隨入，行朝見禮。赦天下。詔詞有曰：禮惟有隆而無替，義則以卑而奉尊，雖未酬復怨之私，姑稍遂厚倫之願。先是，李實使上皇，言于上皇曰：南歸後當引咎自責。上皇滋不悦。及至宣府，僅命許彬草勅諭羣臣而已。復辟後實竟作為民。質實。南宮在禁垣之巽隅，亦有首門、二門，以及兩掖門，即所稱小南城者是也。二門內亦有前後兩殿，旁有兩廡。其他離宮以及圓殿，皆天順間所增飾者，非初制也。

一〇九七　景泰元年九月初二日　筑城以护通州大运西仓

《明英宗实录》卷一九六

以通州大運西倉在城外，令鎮守及巡倉官築城以護之。從戶部奏請也。

一〇九八　景泰元年九月初二日　筑通州大运西仓城

《国榷》卷二九

築通州大運西倉城。護餉。

一〇九九　景泰元年九月初四日　诏定军匠月粮

先是戶部奏，依減省例，軍匠不操備者，月糧給五斗。至是，有訴不足者。詔軍匠上班於內府，給食者給五斗。除上工不給食者，仍以一石給之。

《明英宗实录》卷一九六

一一〇〇　景泰元年九月二十日　修南京正阳门城垣并石桥

修南京正陽門城垣并中和石橋。

《明英宗实录》卷一九六

一一〇一　景泰元年九月二十二日　置通州大运西仓土堡

置通州大運西倉土堡。倉居通州城外。先是，虜犯京師。監守者無以保障，悉逃去。故令立堡。

《明英宗实录》卷一九六

一一〇二　景泰元年十月初七日　停拆卸德州城外仓

《明英宗实录》卷一九七

先是，鎮守德州署都指揮僉事周泉奏准，將德州城外倉三十五座①拆卸入城蓋造，收糧。至是，戶部主事何銳②乞停拆以省民力。從之。

① 三十五座　廣本三作二。

② 何銳　廣本抱本銳作銑。

一一〇三　景泰元年十一月初六日　真定大长公主薨命有司营葬

《明英宗实录》卷一九八

真定大長公主薨。公主　仁宗皇帝第四女，母賢妃李氏。永樂十一年生，洪熙元年冊封。至是薨，年三十八。輟視朝二日。遣官致祭，命有司營葬。

一一〇四 景泰元年十二月初四日 修平津闸

修平津閘。

《明英宗实录》卷一九九

一一〇五 景泰元年十二月十四日 工部补完长献景三陵祭器

太常寺奏，工部送到長陵、獻陵、景陵祭器。硃紅漆戧金一千九十事，素紅漆三百八十三事，二硃紅漆一百二十三事，金漆九事，硃紅油二百五事，帶紅油四十四事，①明油一百九十二事，銅三百六十事，生銅九十事，熟鐵五十四事，錫二十七事，象牙一百八事，雜物四百七十七事。皆前此虜寇所焚毀，今始補完者也。詔送三陵供用。

① 紅油四十四事 廣本十作千。

《明英宗实录》卷一九九

一一〇六　景泰元年十二月十四日　命有司逮逃匠　《明英宗实录》卷一九九

命有司逮逃匠三萬四千八百有奇。

一一〇七　景泰元年十二月十五日　真定大长公主夫妇合葬　《明英宗实录》卷一九九

真定大長公主男王瑛①奏，臣父誼卒，已葬香山。今臣母薨，擇地安葬。緣臣母臨終遺言，令遷柩合葬。從之。

①王瑛　廣本瑛作英

一一〇八　景泰元年十二月二十日　铺设长献景三陵灵座　《明英宗实录》卷一九九

庚寅，遣寧陽侯陳懋告于長陵、獻陵、景陵曰：曩因虜賊干犯山陵，茲以修復靈座一新。卜以今日鋪設，謹用祭告。

一一〇九　景泰元年　建巩华城行宫　《长安客话》卷四

鞏華城

過沙河十五里有迴龍觀，又十里許曰鞏華城。景泰元年，内建行宫一座，凡駕幸山陵，於此駐蹕。其規制與大内等云。

一一一〇　景泰元年　筑永安城设长陵卫　康熙朝《昌平州志》卷二六

泰元年擇縣東八里，築永安城，設長陵衛。

一一一一　景泰元年　筑城天寿山南

築城天壽山南。名曰永安，以居陵衛官軍，並移昌平縣治於內。今順天府昌平州治即永安城也，明正德元年陞縣為州。

欽定四庫全書　　御批歷代通鑑輯覽　卷一百四　二十六

《通鉴辑览》卷一〇四

一一一二　景泰元年　建大忠祠

大忠祠，明景泰元年奉旨建。祀殉難右副都御史鄧公棨，春秋享祭，至今不廢。

《图书集成·职方典》卷八八二

景泰二年

（一四五一年二月二日至一四五二年一月二十一日）

一一一三　景泰二年正月十一日　建置淮王诸弟妹府第

淮王祁銓奏，臣諸弟妹年已長成，未有府第。乞命有司建置。從之。

《明英宗实录》卷二〇〇

一一一四　景泰二年正月十四日　诏甓通州大运西仓土堡

甲寅，詔工部臣曰，通州大運西倉先雖置立土堡，恐弗能堅久。其令右侍郎王永壽往甓之。

《明英宗实录》卷二〇〇

一一一五　景泰二年正月十八日　命修玉河堤濬安定门东城河

命修玉河東、西隄，濬安定門東城河。

《明英宗实录》卷二〇〇

一一一六　景泰二年正月十八日　蠲真定大长公主坟地粮草

蠲真定大長公主墳地糧草。

《明英宗实录》卷二〇〇

一一一七　景泰二年正月十九日　赐兴安侯南京官房

以南京官房八十餘間賜興安侯徐亨，免納税鈔。從亨奏請也。

《明英宗实录》卷二〇〇

一一一八　景泰二年正月二十日　韩宪王妃冯氏薨命有司营葬

韓憲王妃馮氏薨。妃，都督誠之女，洪武二十九年冊封。至是薨。訃聞，輟視朝一日。遣中官致祭，命有司營葬。

《明英宗实录》卷二〇〇

一一一九　景泰二年正月二十四日　重建长陵神宫监　《明英宗实录》卷二〇〇

重建長陵神宫監。以先燬于火也。

一一二〇　景泰二年正月二十四日　重建长陵神宫监　《国榷》卷三〇

重建長陵神宮監。先火。

一一二一　景泰二年二月十五日　南京雷雨击损大报恩寺塔　《明英宗实录》卷二〇一

少保兼兵部尚書于謙言，昨者靖遠伯王驥奏，南京雷雨擊損大報恩寺塔。聖諭以謂君失其德、臣失其職之故。

一一二二　景泰二年二月十五日　南京雷震损大报恩寺塔

《国榷》卷三〇

甲申。南京雷震。損大報恩寺塔。

一一二三　景泰二年二月十七日　三陵城垣已修完

《明英宗实录》卷二〇一

鎮守天壽山都督同知王通奏，去歲虜寇入境，侵犯三陵，官軍驚散。今城垣已修完，乞命都察院轉行巡按、監察御史、五城兵馬司逐一挨究。但係三陵等衛官軍及餘丁、家人，俱限本年三月終回衛。若潛遁不回者，發口外充軍。從之。

一一二四　景泰二年二月十九日　命暂厝韩王妃冯氏于西土

《明英宗实录》卷二〇一

戊子，韓王徵釒奏，臣曾祖考韓憲王墳園見在南京向山之原。今曾祖母妃馮氏薨，乞量賜人力①送彼附葬，且免西土軍民造墳之擾。帝以路遠人難，命殯于彼處安厝，俟邊境寧靖豊稔之年再議。

①量賜人力　廣本力作戶。

一一二五　景泰二年二月二十六日　命葬阵亡将士遗骨

《明英宗实录》卷二〇一

錦衣衛指揮使劉源①奏，内官興安傳奉皇后懿旨，去歲虜寇來犯京師，将士戰死於彰義、西直門等處者甚衆。亦有老幼被其戕害，即今暴骨原野，實切吾心。其令錦衣衛差官率旗校拾之，苫以廠房，日逐計數聞奏，量賞賚之。本衛差千百戶石真等率領旗校，連日于各戰場共拾遺骨五千八百有奇。帝曰，掩骨埋胔先王仁政之一也，况諸將士殞于王事者乎。其命僧道建齋醮普度，葬于内官享堂之西。每歲以祭厲日祭之，領于上林苑監。其拾骨官人賜銀一兩，旗校半之。

① 劉源　廣本源作原。

一一二六　景泰二年三月初一日　修理南京国子监　《南雍志》卷三

徙因充役。三月庚子朔，工部言，祭酒吴節奏稱，本監糺倉二十餘圈乃洪武中孝慈皇后積糧，以嘉惠監生之有家室者。廬席苫蓋，容易朽腐，宜易以陶瓦，庶存懿德遺愛於萬年。其意雖善，但浩費必至勞民。舊制難以擅改，惟行南京工部隨時修葺，一仍其舊。節又謂，本監殿廡門堂坊牌號舍，建自洪武，歷七十餘年，日漸頹損，宜及是時量行修理。此其言之可從者，擬行南京工部會同靖遠伯王驥，往審視而規度之節。又謂本監成賢街舊有號舍六十六間，以處監生之有患病者，後因病沒者多，遂至荒廢，宜於沿街空土一方改建復字號，以居師生，而使病者處其後廂，則人煙日盛，易求水火，生全者衆矣。此亦行南京工部體勘改建，若有窒礙，即宜停罷。

上從其議。

一一二七 景泰二年三月初七日 命給修城軍民匠月米

命給天壽山修城壕并通州等處修城軍民匠餘丁月米三斗。

《明英宗实录》卷二〇二

一一二八　景泰二年三月十五日　奉皇太后諭取瘞战死之骨

《芳洲文集》卷二

御製憫忠義阡之碑

景泰二年三月甲寅，恭奉　聖母上聖皇太后諭，比歲虜賊背逆天道，率其徒旅數萬餘騎，入寇京師。　宗社為之震驚，臣民莫知所禦，一時智謀勇敢之士，出於禁衛羽林軍者有焉，出於受命討叛逆者有焉。又有出於感恩懷德，恒欲報稱無由者焉，出於親上死長良知良能，素無所用其力者焉。莫不於此感激思奮，競以迎敵殺賊而死。上賴　天地祖宗眷佑國家，虜賊愧悔，兼以懷懼　朝廷威德，悉皆敗走。而京師用寧，天下以無事。然聞阜成門外西南，伏屍數千，形貌已變。其有父母妻子徃收葬者，尚以不可辨識，而聽其暴露矣。其無父母妻子在者尤多。竊聞禮有掩骼埋胔之典，是古聖王仁惠及於庶類然也。今將士人等為國家死難如此，固不可不厚其恩恤，而况奬勸忠義，慰荅群情，尤不可以少緩。顧命即西山麓間曠之地為一大壙，凡因戰死之骨悉取瘞之，而附掌以在近官司，修其時祭，且禁侵犯之者，庶幾有永不墜。非徒慰荅於既往，亦以勸勵於方來。朕恭 成命，爰命有司悉遵所諭，而賜名曰憫忠義阡。并書其事，俾鐫之石，立於其上。銘曰：於 皇祖宗肇造區夏，養士百年，服習戎馬，南征北伐，所向克敵，功在國家，威震夷狄，勇死於志，志死於義，惟義所在，遑恤厥躬。茫茫堪輿，俯仰奚存，山川星日，孰可與倫，凡形必化，來繢往過，惟此忠義，千古不磨。豈但不磨，泰華同高，顧彼偷生，輕如鴻毛。區區醜虜，敢抗我軍，以我加彼，長風掃雲。實資爾輩，義士忠臣，惟知有國，寧思有身。爾身雖陷，爾名惟芳，壙骸不別，國籍則彰。天胙乃後，以繼以繩，食爾之報，世躋顯榮，復命有司，祀守爾塋，毋俾侵奪，撓及幽靈。豈徒為爾，且勸方來，凡百有位，視以勗哉。人孰無死，死貴得時，全忠與義，死以奚悲。

一一二九　景泰二年三月二十四日　命工部安厝梁王妃坟　《明英宗实录》卷二〇二

盜發梁王妃墳。命工部遣官安厝之。

一一三〇　景泰二年三月二十四日　命迁葬梁王妃　《国榷》卷三〇

癸亥。盗發梁王妃墓。命遷葬。

一一三一　景泰二年三月二十九日　移武清卫仓于大运西仓旧基　《明英宗实录》卷二〇二

移直隸武清衛倉於通州大運西倉廢廠舊基。以戶部左侍郎張睿言，舊倉設在曠野，收糧不便也。

一一三二　景泰二年四月十二日　书复安化王不允移府

庚辰，書復安化王秩炵，承諭以府中宦豎，欲移慶陽、鳳翔等處居住。今軍民艱窘，叔祖宜鎮静，以安人心，不可輕移。

《明英宗实录》卷二〇三

一一三三　景泰二年四月十三日　京城官店塌房勘实收钞

辛巳。京城官店塌房多爲貴近勳戚所有。兵科都給事中葉盛等言，貴近勳戚，高爵厚禄，而又侵利於國，貽害於人。乞將在京官店塌房盡數勘實，籍記在官，按季收鈔，以資軍餉。從之。

《明英宗实录》卷二〇三

一一三四　景泰二年四月十四日　梁庄王妃魏氏薨命有司营葬

梁莊王妃魏氏薨。妃，兵馬指揮享之女，[1]宣德八年冊封。至是薨。訃聞，輟視朝一日。遣官賜祭，命有司營葬。

《明英宗实录》卷二〇三

① 妃兵馬指揮享之女　舊校改享作亨。

一一三五　景泰二年四月二十二日　免太原府轮班工匠

免山西太原府輪班工匠。

《明英宗实录》卷二〇三

一一三六　景泰二年五月初五日　造屋覆盖进士题名碑

《明英宗实录》卷二〇四，并见《图书集成·职方典》卷四四，《日下旧闻考》卷六七

左春坊左諭德、管國子監司業事趙琬奏，進士題名立石大成門下，俾諸生出入皆得瞻仰，誠激勸後學之意。正統間移于太學門外，風雨飄淋，易於損壞。况上有　列聖皇上字。乞勅工部造屋數間覆蓋，以圖經久。從之。

一一三七　景泰二年五月十一日　诏就本地安葬岷王

《明英宗实录》卷二〇四

鎮南王徽煠奏，父岷王薨逝，蒙遣官營葬。然所擇山地，實苗賊出没之處。乞賜葬於腹裏郡邑，或舊封雲南故地。詔就本地安葬。

一一三八　景泰二年五月十三日　建上林苑监

建上林苑監于文德坊玉河橋之西。

《明英宗实录》卷二〇四

一一三九　景泰二年五月　建上林苑监

上林苑

上林苑監在皇城東文德坊玉河橋之西，南向，景泰二年五月建。洪武中，議設上林苑監，以妨民業，遂止。永樂五年開設，設左右監正，左右監副、左右監丞、典簿，所屬：良牧、蕃育、嘉蔬、林衡、川衡、冰鑑、典察左右前後十署。每署設典署、署丞、録事。洪熙元年，止存左監丞、典簿，餘官不除。又以蕃育署帶管良牧、川衡兩署、嘉蔬署帶管冰鑑、林衡兩署，四署人户并四典察署人户俱撥二署暫管。宣德十年，止存蕃育、良牧、林衡、嘉蔬四署，餘皆革，後仍設右監丞。

《天府广记》卷三一

一一四〇　景泰二年六月初八日　故齐王废邸灾　《国榷》卷三〇

青州故齊王廢邸災。

一一四一　景泰二年六月初九日　山东青州废齐府灾　《明英宗实录》卷二〇五

山東青州廢齊府承運、存心等殿及宫門兩廡災。

一一四二　景泰二年六月初九日　青州废齐府火　《明史》卷二九

景泰二年六月丙子，青州廢齊府火。

一一四三　景泰二年六月十八日　免咸宁长安失班在逃工匠　《明英宗实录》卷二〇五

免陝西咸寧、長安二縣失班在逃工匠。以其地饑民艱之。

一一四四　景泰二年六月十八日　修天寿山陪祀官斋宿房　《明英宗实录》卷二〇五

修天壽山陪祀官齋宿房。

一一四五　景泰二年六月二十二日　令于雷家站增盖仓廒　《明英宗实录》卷二〇五

己丑，令昌平侯楊洪於雷家站增蓋倉廒。

一一四六　景泰二年七月十三日　命修南京皇城诸门

《明英宗实录》卷二〇六

命修南京皇城諸門。

一一四七　景泰二年七月十四日　筹办修理大运仓物料

《明英宗实录》卷二〇六

庚戌，監察御史趙緝奏，通州大運倉時有損壞，隨即修理，其磚瓦、材木悉取給於軍。請於遞年官積鋪廠材木中取用，其他物料則以墊倉葦席變易修理。葦席不堪用者，令軍士關領，燒造磚瓦，庶無損於軍。從之。

一一四八　景泰二年七月二十二日　以长积仓空地为县主宅第

以湖廣荆州府常積倉空地爲荆山、孝感、上津三縣主宅第。從遼王奏請也。

《明英宗实录》卷二〇六

一一四九　景泰二年七月二十四日　命修淮王府

命修淮王府。

《明英宗实录》卷二〇六

一一五〇　景泰二年八月初六日　春秋致祭贵州南霁云祠

貴州按察使王憲言，貴州在城舊有唐忠臣南霽雲祠，顯靈邊方，禦災捍患。乞賜祭文，春秋遣官致祭。從之。

《明英宗实录》卷二〇七

一一五一　景泰二年八月二十四日　命修南京甲字等库

《明英宗实录》卷二〇七

命修南京甲字等庫。

一一五二　景泰二年十月十四日　徙昌平县治于长陵卫土城

《明英宗实录》卷二〇九

己卯，徙昌平縣治并儒學倉庫等衙門，於長陵衛新築土城之內。

一一五三　景泰二年十月二十七日　命修中都天地坛

《明英宗实录》卷二〇九

命修中都天地壇殿宇及門、庫、亭、廚等處牆垣。

一一五四　景泰二年十一月初五日　命修南京国子监　《明英宗实录》卷二一〇

命脩南京國子監大成殿、兩廡、斜廊、櫺星門、號房。從祭酒吳節奏請也。

一一五五　景泰二年十一月初六日　议修理南京国子监　《南雍志》卷三

客裏逐人數寄書。冬十月甲申，南京工部左侍郎吳政會同總督機務靖遠伯王驥，規度本監殿廡倉舍，具議以聞。上命工部尚書兼大理卿石璞等覆議。於是會計物料，撥輪班匠，量倩軍餘及均徭人夫，朋以五丁輪一，興工修造，委官督之。十一月庚子議上，從之。南京工部會靖遠伯議，以大成殿後簷二層，并斜廊、兩廡及儒星門三座，碑亭二座，內號房一十五連，紅倉二十餘圍，外號西邊一十一連，東邊五連，成賢街牌樓三座，號房三間，并街東水磨房五間，鼓樓西邊號房一百間，及平字號有家小號房七十間，病號號房六十六間，俱各頹朽。今看得大成殿兩廡、斜廊、櫺星門當先修理。其在外號房地方窄狹，棟簷相接，即今十間之中，止有二三間，宜將外號西邊一十一連，減作八連，每連二十一間，減作一十八間，又東邊五連，減作三連，每連三十五間，減作二十五間，俱添料與養病號房六十六間，改作前後二連，師生及病者居住。將合用物料開坐，景泰二年十月十九日，通政使司官於奉天門奏，奉聖旨：工部知道。欽此。欽遵抄出到部，覆議得前項號房既稱十間之中，止有一二空閑，既多欲便一槩修理，不無虛勞人力。欲不修理，又恐倒塌失其舊規。合將原房量爲減其間數，存留一半，拆卸一半，就用舊料，兩間輳作一間，兩連輳作一連，量起均徭人夫，輪流應當。欲行南京工部會同靖遠伯王驥，先將本監殿堂、廊廡等項緊要者，於原會物料，量宜減省，關支修理其號房間座，俱以三分爲率，內減其一半，止留其一半。將拆下舊料，輳用修葺。合用人匠，於輪班匠內摘撥人工，於丁多軍餘內量宜借倩，均徭人夫，朋以五丁一夫，輪流應當，不許靠損，仍委廉幹官員提督，併工修造，仍將修完間數及用過物料數目，徑自具由回奏，具題。景泰二年十一月初六日，本部官於奉天門奏，奉聖旨：是。欽此。

一一五六　景泰二年十二月初一日　命委官巡视皇陵树林　《明英宗实录》卷二一一

命中都留守司及鳳陽府，每歲專委堂上官一員巡視　皇陵樹林，治盜伐者罪。從副留守徐景璜奏也。

一一五七　景泰二年十二月初二日　削岷府二郡王爵命看守祖陵　《明英宗实录》卷二一一

削廣通王徽煠、陽宗王徽焟爵，降為庶人。徽煠至京三法司，王親①司禮監官，引段友洪等面鞫于庭，②徽煠具服，且言與徽焟同謀。會湖廣總督軍務、右都御史王來，總兵官保定伯梁珤奏，徽煠家人陳添仔、蒙能招苗賊③約二千，來武岡助徽煠，聞徽煠不在，還屯青坡、木洞等處。官軍連擊敗之，擒斬五百餘人。賊衆奔潰④、墮崖、溺死者甚衆。添仔被創，單騎遁去。能率苗兵逃之廣西，來等并以所得徽煠與苗賊僞勅上之。由是二王反伏盡白⑤，獄具。帝曰：徽煠、徽焟謀危 宗社，論法本難恕。但念 宗室之親⑥，屈法寬貸。其皆宥死，削王爵，降爲庶人。留徽煠于京，其徽焟并兩人家屬，命內官陳安、內使阮僚，同駙馬都尉焦敬、錦衣衛指揮僉事盧忠齎金牌往岷府起取，送鳳陽看守 祖陵。仍勅內官黎賢往鳳陽，會同內官雷春，并中都留守司、鳳陽府修理墻垣、房屋、門禁，與之居住，務在堅牢。每歲各家給米⑦二百石，量與柴薪。其徽煠、徽焟所有地土、田園、麄重物件在岷府者，與鎮南王收用。徽焟原受王印、冠服等件，令鎮南王差人進繳。并書報宗室各王知之。

① 王親　廣本抱本王作皇，是也。

② 面鞫于庭　廣本抱本庭作廷。

③ 招苗賊　廣本招下有留字。

④ 賊衆奔潰　廣本賊作餘。

⑤ 反伏盡白　廣本抱本伏作狀，是也。

⑥ 宗室之親　廣本之作至，是也。

⑦ 各家給米　廣本抱本給下有與食二字，是也。

一一五八　景泰二年十二月初五日　劾奏太监择皇陵古寺为寿藏之所

《明英宗实录》卷二一一

直隸滁州知州彭光奏，皇陵祖宗根本之地，其東蔣山古寺基，洪武、永樂間俱不敢脩葺。此年太監雷春擇為壽藏之所，朦朧奏准，大興土工。①殿宇僧房煥然一新。其後羣盜②騷動，達賊猖獗，誠恐動搖根本所致。伏乞拆毀此寺以固根本。根本既固則枝葉自無震撼矣。仍乞選老成内臣將春替回，庶幾少慰 宗社之靈以回天正之意。 帝命欽天監遣諳曉地理官馳驛往視干磚[3] 皇陵風水地脈否，明畫圖[4]以聞，不許扶同妄言。雷春老成當侍奉 祖宗[5]，不必替回。

① 大興土工 廣本工作木，是也。
② 鑿盜 廣本抱本盜作寇。
③ 干磚 廣本抱本磚作碍，是也。
④ 明畫圖 廣本抱本明下有白字，是也。
⑤ 當侍奉祖宗 廣本抱本當上有正字，是也。

一一五九 景泰二年十二月初十日 诏旗校进午门不得搀越拥挤 《明英宗实录》卷二一一

甲戌，詔禮部曰，文職左掖門進，武職右掖門進，將軍又刀[1]圍子手左右門進，已有定例。自今旗校人等，侍朝官進照依資次續進。敢有攙越、擠擁者，許糾儀官搶奏發落。

①叉刀　抱本作叉刀，是也。

一一六〇　景泰二年十二月十七日　命修居庸关南北馈道　《明英宗实录》卷二一一

命脩理居庸關南北餽道。戶部以天寒地冰結，恐妨糧運也。

一一六一　景泰二年　建清虚观　《图书集成·职方典》卷四四

寰宇通志。清虛觀，景泰二年建。

一一六二　景泰二年　建清虚观　《日下旧闻考》卷五四

原 清虛觀、廣福觀俱在日中坊。明順天府志

原 清虛觀，景泰二年建。寰宇通志

〔臣等謹按〕清虛觀在舊鼓樓大街，有景泰五年胡濙撰碑。稍西爲大石橋，有雙寺，東曰嘉慈，西曰廣濟，成化間建，萬曆中修。有碑五。廣福觀在鼓樓斜街，有碑一，已仆，上刻天順勅命，下刻成化誥命，蓋當時道録司也。舊鼓樓斜街在今鐘鼓樓西北，街雖以是名，其遺蹟不可考矣。

一一六三　景泰二年　修法藏寺　《帝京景物略》卷三

法藏寺

北地高以風，故能塔不能空。天寧寺，隋塔也。妙應寺，遼塔也。慈壽寺，明塔也。遠可以望，近或禮之，無人登焉者。他岌岌，支提塔耳。法藏寺彌陀塔，獨空可登。塔十丈，窗面面，級盤盤，人蟻上而闚觀，窗窗方望，九門之堞全焉。窗置一佛，佛設一燈，凡窗八，凡級七，凡五十八佛，凡五十八燈。歲上元夜，塔遍燈，僧遍繞，奏樂樂佛，金光明空，樂作天上矣。寺舊名彌陀，金大定中立。景泰二年，太監裴善静修之，更曰法藏。有祭酒胡濙、沙門道孚二碑。道孚，戒壇第一代戒師，世人稱鷲頭祖師也。

一一六四　景泰二年　修法藏寺　《春明梦余录》卷六六

金彌陀寺　卽法藏寺，在外城東南，金大定中建。景泰二年修，後有塔，中空可登，凡七級，高十丈餘。

一一六五　景泰二年　重修大开元寺　《明一统志》卷七五

大開元寺，在府[①]治西。唐建。本朝景泰二年重修。

① 府：泉州府。

景泰三年

（一四五二年一月二十二日至一四五三年二月八日）

一一六六　景泰三年正月初六日　改废铁厂为织染所

改廢鐵廠爲織染所。

《明英宗实录》卷二一二

一一六七　景泰三年正月二十日　华阳王殿宇僭饰龙凤日月

初，華陽王府鎮國將軍友壁奏，其兄華陽王友堚害宰與宫人，①并軍丁百餘出城圍獵，②止旗軍張林家五日。又同妃及妃弟楊旻、家人楊俊等貴賤雜飲于別墅，信宿而回。及擅造鉞斧、金瓜等物，殿宇、床座諸器，僭飾龍鳳、日月，妄以宫女玉帶、繡衣賜童僕、家人。且聽母舅張濟等言，③累尅軍粮至二千餘石等罪。王亦奏，友壁杖死軍丁，擅娶其妃父指揮夏瑄弓馬等餽諸不法。巡按湖廣御史何琛④覆之皆驗。帝曰，王及鎮國將軍不可 祖訓，⑤論法本宜究問。⑥念其至親，姑宥不治，但遣勅切戒之。其誘王爲非，張濟、楊俊等俱謫充廣西

《明英宗实录》卷二一二

遠衛軍。⑦

① 嘗率與宮人　廣本抱本率下有妃字，是也。

② 出城圖獵　廣本抱本圖作圍，是也。

③ 張濟等言　抱本言作計。

④ 何琛　廣本琛作深。

⑤ 不可祖訓　廣本抱本可作守，是也。

⑥ 本宜究問　廣本宜作當。

⑦ 廣西遠衛軍　廣本抱本遠作邊，是也。

一一六八　景泰三年二月初三日　造驼房于郑村坝　《明英宗实录》卷二一三

造駝房三十間於鄭村垻。

一一六九　景泰三年二月初七日　修理通州抵京桥路

《明英宗实录》卷二一三

户部左侍郎張㪟[①]言，自通州抵京一帶橋、路多低窪，每歲運糧車輛、驢、騾皆傾陷失利。宜令五城兵馬及該管地方預先修理。[②]從之。

① 左侍郎張㪟　廣本抱本左作右。廣本㪟作睿。

② 預先修理　廣本先作備。

一一七〇　景泰三年二月二十二日　移文思院于上林苑监空地

《明英宗实录》卷二一三

移文思院于上林院[①]監空地。

① 上林院　廣本抱本院作苑，是也。

一一七一　景泰三年二月二十七日　命修东镇沂山神庙

《明英宗实录》卷二一三

命修東鎮所山神廟。①

① 命修東鎮所山神廟　抱本東作東，廣本所作沂，是也。抱本所作浙。

一一七二　景泰三年三月初五日　按察佥事擅毁天妃宫

《明英宗实录》卷二一四

鎮守福建右監丞戴細保奏，按察僉事孫振望廵捕興化、泉、漳三府，擅毁勑封天妃宫、東岳閔王、烈女等廟，①弥勒、観音等五十餘寺，并碎其神像，民其僧徒，②且以未毁佛寺所民僦占為京。③又以観買耕牛④為名，擅罰額外，并被事僧徒白金三百餘兩。又令居民家畜母彘一、牝鷄五蓄自生利，⑤而濫役有過官民，為老人督之請治其罪。奏下都察院謂，振望毁淫祠勸民買耕牛畜彘鷄皆厚俗富民之道。第毁勑封廟宇及役有過官軍⑥等，有戾於法，然未詳虛實。請下巡按御史許仕達躬勘其狀，如驗即令建治。從之。

① 東岳關主烈女等廟　舊校改主作王。
② 民其僧徒　廣本民作滅。
③ 僦占爲京　廣本抱本京作業，是也。
④ 觀買耕牛　廣本抱本觀作勸，是也。
⑤ 蕃自生利　廣本抱本自作息，是也。
⑥ 官軍　廣本抱本軍作民，是也。

一一七三　景泰三年四月二十七日　以修理孝陵遣官祭告　《明英宗实录》卷二一五

庚寅，遣駙馬都尉趙輝祭告孝陵曰：茲者陵樹、城垣被風損壞，殿梁柱①被蟲蛀傷，及上生長草木，茲特命官脩理。謹用祭告。

① 殿梁柱　廣本柱下有棟字。

一一七四　景泰三年四月二十七日　修孝陵

《国榷》卷三〇

庚寅。修孝陵。

一一七五　景泰三年五月初二日　以册立皇后太子诏天下

《明英宗实录》卷二一六

甲午，册立皇妃杭氏为

皇后，長子見濟為皇太子。詔天下曰，

爰推

恩於遠邇，庸資術於臣民，所有合行事宜，條列於後。

一，在造作①除軍需倉厰、修理城池并隄築水患②、疏通粮道外，其餘修理公廨、衙門、鐘鼓樓、寺院等項，但係干碍工程浩大，動勞人衆，不急之務，雖曾奉有勤合，亦暫停止，以寬民力。不許指此為由，科擾害民，若干碍錢粮，并文卷房屋遇有損壞而修理、苫蓋，不係勞民動衆者，不在此限。一，各處輪班人匠，除二年、三年一班者，照舊輪當。其餘一年一班者，不分班色③俱令二年一班。自正統十四年十二月以前，有拖欠正班者，悉皆寬免。自景泰三年五月初二④以前，失班人匠俱免罰工，止當正班。一，自景泰二年十二月以前，各處拖欠歲辦藍靛、槐花、烏梅、梔子、皮張、野味、魚油、翎鰾，毛種牛隻，歲造紵絲紗羅，採辦碟砟、水知炭、石灰⑤、蘆柴、蔄楷⑥、油椿、榆、槐等木，栢板、松板、芒茵、莒蓆等料，未徵在官者，悉皆蠲免。其軍需急用物料，自景泰二年正月以後派辦者，照舊解納。其應蠲免物料，不許內外衙門朦朧奏請，再行追徵⑦。

① 在造作　廣本抱本詔制在下有外字，是也。

② 隄築水患　廣本抱本詔制築作備，是也。

③ 不分班色　廣本抱本詔制班作匠，是也。

④ 五月初二　廣本抱本詔制二下有日字，是也。

⑤ 碟砟水知炭石灰　廣本無水知二字。抱本詔制水作和。

⑥ 蘆柴蓟楷　抱本詔制楷作稭，是也。

⑦ 再行追徵　抱本行誤三。詔制與館本同。

一一七六　景泰三年五月十五日　更封沂王荣王许王

《明英宗实录》卷二一六

丁未，命安遠侯柳溥為正使，少保兵部尚書于謙為副使，持節更封　太上皇帝皇太子為沂王。都督張軏①為正使，太子太保吏部尚書何文淵為副使，持節封　太上皇帝庶子見清為榮王，見淳為許王。

① 張軏　舊校改軏作軦。

一一七七 景泰三年五月二十日 凤阳府重新孔子庙学落成

《芳洲文集》卷六

鳳陽府重新孔子廟學記

鳳陽府，古揚州之域，春秋時鍾離子之國，漢晋以来為郡，其名不一。聖朝龍興於此，吴元年賜名臨濠府，越三年為中都，建中都國子監，改府曰中立府。洪武七年，國家定鼎金陵，復改中立為鳳陽府，以中都國子監為鳳陽府儒學。其殿堂、學舍自創始至今凡八十有餘年，中更郡學之吏多矣，而未嘗有修壞補廢於其間者。以是士無所嚮以志於學，而由科目以登庸者遠不逮於他郡，是可歎也。仲侯閔之来為郡也，首以為懼，以謂學校風俗人才之本，為政所當先者。不先其本，而規規於事為之末，以徼譽於公庭争訟辨别之間，君子有不貴也。孔子不曰，聽訟，吾猶人也，必也使無訟乎。吾徒誦法孔子者也，敢不容心。於是乃率貳佐周覽廟學，相其廢壞有不可仍舊者，悉撤而圖新之。中構禮殿，翼以廊廡，肖像以祠聖賢。其間凡廟所當有者，無一不備。外為講

堂，環以齋舍，備廩以餼來學之徒。凡學所宜置者，無一弗周。村出於捐俸，貲以率僚寀，而省浮費以補缺。工出

於①貨勤斂以乘閒隙，而止不急以助勞。經始於景泰二年三月十六日，落成於明年五月二十日。既成，仲侯遣人走書幣來京師，求為之記。仰惟昔者　天厭夷狄亂華，篤生　聖人以為民主。肆我　太祖聖神文武欽明啟運俊德成功統天大孝　高皇帝龍飛九五，削平僭偽，子孫萬世帝王之業。然肇基不於他而獨於此，此豈非舜之諸馮，文王之岐周，殆有不可以與尋常州郡同日語者。况嘗建中都，立太學，天下英才畢集之所。今雖更為郡學，而詎可以廢壞不治，以有忝於　聖朝龍興賢才豹變之淵藪乎。宜乎仲侯首以為懼，而惓惓任作

新之責於今日也。易曰，雲從龍，風從虎，聖人作而萬物覩。言上應於下，下從於上，同聲相應，同氣相求，為理之必然也。天下賢才無間海內海外，同聲相應，同氣相求，尚莫不有帝臣之願。况居州里之間，輦轂之下，如水之

先得濕，如火之先得燥，有不相應相求為先務於他乎。士之得生是邦，游於是學，其視天下海內海外賢才已倍蓰其天矣。而又有賢守之作新如此，誠不自棄而加勉焉。將見如水流濕，沛然若決江河而注之海，如火就燥，粲然若列星辰而麗乎天，有莫之能禦矣。故於仲侯請記是郡廟學之成，書以為勸。

① 编者注：万历二十五年刻本货字作课。

一一七八　景泰三年五月二十二日　革武学

《明英宗实录》卷二一六

革武學。自多事以來，武生多襲代及調取征操，所餘僅十許人。至是，朝廷以學舍分賜太監王瑾及錦衣衛百戶唐興，遂革之。

一一七九 景泰三年五月二十四日 册封岷王益阳王

丙辰，命魏國公徐承宗、崇信伯費釧[①]爲正使，工科左給事中國盛、吏科右給事中潘榮爲副[②]，持節[③]册封岷府鎮南王徽𤇍爲岷王，妃李氏爲岷王妃。遂府益陽安僖王嫡長子豪㙉爲益陽王。

① 費釧 廣本抱本釧作釧，是也。
② 潘榮爲副 廣本抱本副下有使字，是也。
③ 持節 廣本抱本持上有各字，是也。

《明英宗實錄》卷二一六

一一八〇 景泰三年五月二十八日 国学不罢工役

五月庚申，詔停止工役。工部奏，以國學乃養育賢才之所，今若不修，恐後益壞，工費愈大。此實不可罷者，宜令務在事完工省。從之。

南廱志卷三　二十八　春

《南雍志》卷三

一一八一　景泰三年六月初三日　命造大隆福寺

命造大隆福寺，以太監尚義、陳祥、陳謹、工部左侍郎趙榮董之。凡役軍夫數萬人。

《明英宗实录》卷二一七

一一八二　景泰三年六月初三日　作隆福寺

甲子。作隆福寺。太監尚義陳祥陳謹工部左侍郎趙榮董之。

《国榷》卷三〇

一一八三　景泰三年六月二十九日　雷击宫庭中门

是日雷震，傷人物。擊宮庭中門。

《明英宗实录》卷二一七

一一八四　景泰三年六月二十九日　雷震大内中门　《国榷》卷三〇

雷震大內中門。

一一八五　景泰三年六月二十九日　雷击宫庭中门　《明史》卷二八

景泰三年六月庚寅，雷擊宮庭中門，傷人。

一一八六　景泰三年六月　命建大隆福寺　《图书集成·职方典》卷四一

實錄景泰三年六月命建大隆福寺役夫萬人以太監尚義陳祥陳謹工部左侍郎趙榮董之閏九月添造僧房四年三月工成。

一一八七　景泰三年六月　建大隆福寺

《通鉴辑览》卷一〇四

六月建大隆福寺。

時太監興安用事，佞佛甚於王振，請帝建大隆福寺。

費數十萬，踰年始成。帝尅期臨幸。禮部郎中章綸（字大經，樂清人。）諫，河東鹽運判官楊浩（濟南人。）除官未行，亦上章言之。帝乃止。

一一八八　景泰三年七月初一日　增给修造大隆福寺官军行粮

《明英宗实录》卷二一八

增給修造大隆福寺官軍行糧，人月三斗。從太保兼太子太傅、兵部尚書于謙奏請也。

一一八九　景泰三年七月初三日　命南京修大报恩寺

命南京守備官同工部修大報恩寺。

《明英宗实录》卷二一八

一一九〇　景泰三年七月初六日　诏修理在京坍塌仓廒

詔在京雨水連綿，倉廒坍塌者工部修理。其撻不拘資次先行放支。

《明英宗实录》卷二一八

一一九一 景泰三年七月初七日 增宁化懿简王葬地如亲王制

鎮國將軍美壤奏，臣父寧化懿簡王薨，制止得葬地三十畝①甚淺迫。今庶母夫人白氏死，即未給葬所。乞益以地共為七十畝，庶足安臣父母之柩。下工部議言，郡王葬地定制也，不敢更第。以夫人白氏死，即請益以二十畝，如親王之制，不為常例。從之。

《明英宗实录》卷二一八

① 得葬地三十畝　廣本得作給。

一一九二 景泰三年七月二十七日 不允迁岷府

禮部奏，鎮南王言，苗賊縱横，屢被攻圍，寄命武岡①，恐無生理。其意欲求遷國。今王已進封岷王，向者湖廣三司請還岷府。已奉旨，分封有定，不可輙移，矣今宜令守禦武臣嚴飭兵備，以衛王國。從之。

《明英宗实录》卷二一八

① 武岡　廣本岡下有州字。

一一九三　景泰三年七月二十八日　填筑京城道路

《明英宗实录》卷二一八

填築京城道路。

一一九四　景泰三年七月　重修顺天府署落成

《图书集成·职方典》卷二七，并见《日下旧闻考》卷六五

重修順天府記　前人

至元中，大都路廨署無定制，至或假民家以庇事。其後乃市諸民，得地二十畝，爲屋以居。我朝有天下，改大都路爲北平府。永樂元年北京建，又改北平府爲順天府，因故署爲治。正統十四年，府尹寧陽王侯賢論于衆，改作焉。爲正堂、後堂各五間，中堂三間。左爲經歷司，右爲照磨所。前爲大門，凡三重，各三間。六曹案牘之舍庫廄庖湢皆完。崇卑廣狹各中程度，總爲屋五十八間。以正統十四年三月十三日興工，景泰三年七月落成。

一一九五　景泰三年八月初四日　城凤阳　《国榷》卷三〇

城鳳陽，中都留守司指揮穆盛董之。

一一九六　景泰三年八月初八日　修葺孝陵宝山城内墙垣　《明英宗实录》卷二一九

遣駙馬都尉等官趙輝等，祭告　太祖高皇帝、孝慈高皇后，并后土之神。以修葺　孝陵寳山城内墻垣也。

一一九七　景泰三年八月十八日　秦王府火　《明英宗实录》卷二一九

戊寅，秦王府火，工部請罪其長史等官。詔宥之。

一一九八　景泰三年八月十八日　秦王府火

《国榷》卷三〇，参见《明史》卷二九

戊寅。秦王府火。

一一九九　景泰三年八月二十二日　改造四夷馆

《明英宗实录》卷二一九，并见《图书集成·职方典》卷四一，《日下旧闻考》卷六三

改造

四夷館。先是，譯書子弟俱於東安門外廊房肄業。至是提督譯書郎中劉文等請建館於廊房之南隙地。從之。

一二〇〇 景泰三年九月十三日 议加广大成殿

《明英宗实录》卷二二〇

國子監助教劉翔①言，臣伏覩 皇上崇儒重道，重修學廟。嘗乞追尊孔子爲帝，增樂舞爲八佾，及言②春秋致祭所設樂舞混於露臺，乞令改正，至今未見舉行。事下禮部詳議。尚書胡濙等言，孔子生於周，周未嘗稱帝。孔子爲陪臣，其可加以帝號，必不受非禮之稱。至若八佾舞於庭，孔子已譏其非禮，其可又施於今日哉。所言樂舞混於露臺，欲加廣廟宇以容之，宜令工部遇營造大成殿宇之時，比舊加廣。從之。

① 劉翔 廣本翔作翙。

② 及言 廣本及作叉。

一二〇一　景泰三年九月十七日　命秦府自修被火殿宇　《明英宗实录》卷二二〇

秦王志𤇆奏，本府承運殿及門俱被火災。乞令陝西都、布二司修造。詔以軍民差役繁重，貧難缺食，命本府自修之。

一二〇二　景泰三年闰九月初十日　罢修中都天地坛　《明英宗实录》卷二二一

罷修中都天地壇。以其地水災民飢也。

一二〇三　景泰三年闰九月十二日　添造大隆福寺僧房　《明英宗实录》卷二二一

添造大隆福寺僧房。

一二〇四　景泰三年十一月初三日　书谕岷王不允移府

辛酉，书谕岷王徽煣曰：得奏以武冈州去苗贼所在仅六七十里，恐后被其侵害，欲移府于湖广善地。具悉。但祖宗分封已有定制，为子孙者宜世世遵守，岂敢辄迁？况蕞尔苗民何能为后来患。叔祖宜镇静以居，无过虑也。

《明英宗实录》卷二二三

一二〇五　景泰三年十一月初七日　给襄王空闲山地一百顷

乙丑，给襄王空闲山地一百顷。先是，王请此地，下户部移文勘实。至是，湖广布政司及襄阳等府、县具图其状以闻。故给之。

《明英宗实录》卷二二三

一二〇六　景泰三年十一月初七日　天寿山长陵等卫包砌土城毕　《明英宗实录》卷二二三

以天壽山長陵等衛包砌土城畢，賞管工軍民官各鈔二百貫，軍旗人匠各鈔五十貫。

一二〇七　景泰三年十一月二十四日　许王薨以年幼减省　《明英宗实录》卷二二三

壬午，許王見淳薨。禮部奏請依親王禮葬祭。詔以王年幼，宜從減省。不用謚冊，僧道修齋追殯俱免，香燭等項內府該衙門出辦。皇親、駙馬、文武衙門俱免祭，各王府免進香。凡遇祭祀御祭一壇用牲醴，其餘各壇俱用素祭。

一二〇八　景泰三年十一月二十九日　周王薨命有司营葬

《明英宗实录》卷二二三

周王有爝薨。王，周定王第四子，母胡氏。洪武二十五年生，三十五年封祥符王，正統四年襲封周王。至是薨，年六十一。訃聞，輟視朝三日。謚曰簡。遣官致祭，命有司營葬。

一二〇九　景泰三年十二月初五日　修南京詹事府

《明英宗实录》卷二二四

修南京詹事府，以年遠損壞也。

一二一〇　景泰三年十二月初八日　赏孝陵等卫官军修筑城堡功　《明英宗实录》卷二二四

賞孝陵等衛官軍、指揮張鏜等七千五百八十二人鈔四十萬①一千六百貫。以修築本衛城堡之功也。

①四十萬　抱本十作千。

一二一一　景泰三年十二月十三日　修南京銮驾库　《明英宗实录》卷二二四

修南京鑾駕庫。

一二一二 景泰三年十二月二十日 拨吏科北廊房三间予礼部

《明英宗实录》卷二二四

戊申，礼部奏，本部职掌四夷外国并各处进贡金银器皿、方物及赏赐之类。旧有直房三间，係吏、户、礼三部堂上官每日候朝处所。于内收贮各处进贡赏赐等物。今尼剌使臣数多，赏赐动经万计，收贮不尽。遂使各官每日候朝无地可处。看得吏科北廊房六间，是府军等卫带刀上直官军所处，犹有空者。乞将带刀官军併作三间，其余三间拨与本部收贮各处进贡金银、方物及赏赐钞币、段（绿）之类。从之。

一二一三　景泰三年十二月二十八日　改旧都察院为帅府

《明英宗实录》卷二二四

改舊都察院為帥府。從總兵官武清侯石亨請也。

一二一四　景泰三年十二月二十九日　书复安化安塞二王均分内官房产

《明英宗实录》卷二二四

丁巳，書復安化王秩炵、安塞王秩炅曰，卿者所索內官來福房屋，已令總兵等官計議，云將前廳、中廳并兩廂房與安塞王，後廳、後廂房并果園與安化王并二縣主，頗為均平。書至可依此分居，不可更有所爭。

一二一五　景泰三年　造驼房于郑村坝

康熙朝《清一统志》卷四

御馬苑在通州西二十里鄭村壩，明時牧養御馬處，大小二十所，相距各三四里，皆繚以周垣。垣中有廐，垣外地甚平曠，羣馬畜牧其間。實錄：景泰三年，造駝房於鄭村壩。天順四年，駕幸鄭村壩閱伎馬，皆此地也。

一二一六　景泰三年　令南京各仓筑立高厚墙垣

《图书集成·考工典》卷六一

景泰三年，令南京各倉築立高厚牆垣，不許軍民人等就牆起蓋房屋。牆外仍立冷鋪，僉撥軍夫巡守。

一二一七　景泰三年　令官攒库斗人等修葺仓场

《图书集成·考工典》卷六一

三年，令各倉監收官員嚴督官攢庫斗人等修葺倉場，開通溝渠。其曠職坐視，淹沒糧草者，拏問追賠。

一二一八　景泰三年　葬岷庄王

岷莊王墓在武岡州城北同保山。王本朝宗室，景泰三年葬此。

《明一统志》卷六三

一二一九　景泰三年　建大隆福寺

大隆福寺在府東南，景泰三年建。

《明一统志》卷一

一二二〇　景泰三年　肇建隆福寺

京城之内東北隅有寺曰隆福，肇建於明景泰三年，逾歲而畢工。營搆之費，悉出於官，蓋以為祝釐之所。

《清世宗御制文》卷一四

一二二一　景泰三年　敕赐丹徒善禧寺额

乾隆朝《镇江府志》卷二十

善禧寺

在朝陽門外舊名南山報恩

鎮江府志《卷之二十　九

明洪武中僧源建觀音殿永樂初僧用謙建悠然閣藏殿山門景泰二年宏慈重建殿宇三年德定奏請勅賜今額宏治十五年道清建法堂嘉靖間圯僧明琇重修後漸荒圯

景泰四年

（一四五三年二月九日至一四五四年一月二十八日）

一二二二　景泰四年正月十六日　言官请建北京功臣庙

《明英宗实录》卷二二五

戶科給事中路璧言。

大使固不可遣，而患亦不可不防。所以防患之道，在修德以爲之本，厚邊積糧、練師、招賢、安民、旌忠，以爲之具。

曰旌忠。

我朝南京既有功臣廟矣，而北京則未之建。乞勅該部將空閑衙門改爲功臣廟，以祀 太宗以來功臣未入南京功臣廟者。至于普天之下，或窮而羽翼六經，或達而維持社稷，或臨難死節，或臨陣敢勇，或犯顏敢諫，不拘古今之人，未有廟祀者，俱令有司查考奏聞。許于本處學舍別設一室，立牌春秋祭祀。如此則爲臣子者有所感激，而務盡忠報國矣。疏入，詔曰，朕觀璧所論，遣使無益數條，誠如所言。其餘是明，亦有可取。禮部其會官集議，擇其可者行之。

一二二三　景泰四年二月十二日　诏填筑京城抵通州街道

《明英宗实录》卷二二六

己亥

詔填築京城内外直抵通州街道，以便往來糧車。從户部奏請也。

一二二四　景泰四年三月初五日　修京城九门水关

《明英宗实录》卷二二七

壬戌，修京城九門水關。

一二二五　景泰四年三月十二日　修南京鸿胪寺

《明英宗实录》卷二二七

南京鴻臚寺奏本寺歲久朽獘，不便習儀。乞勅工部修理。從之。

一二二六　景泰四年三月二十六日　大隆福寺工成

《明英宗实录》卷二二七

大隆福寺工成，費用數十萬，壯麗甲於在京諸寺。賜太監尚義、陳祥、陳瑾①、阮仁得，少監黄鈸各銀二十兩、羅二表裏。少監謝範陞太監，羅一疋。工部左侍郎趙榮銀十兩、羅一表裏。員外郎蒯祥、陸祥俱陞太僕寺少卿，紵絲一表裏。郎中主事等官、工匠、軍夫各賞紵絲、絹、布、鈔有差。

① 陳瑾　廣本瑾作瑛。

一二二七　景泰四年三月二十六日　大隆福寺成

《国榷》卷三一

癸未。大隆福寺成。寺甲京師。費以數十萬。上將臨幸。監生濟寧楊浩西安姚顯各言非所以示天下。禮部郎中章綸亦言之。即日止。

一二二八　景泰四年三月三十日　大理寺左少卿致仕韩翼卒

《明英宗实录》卷二二七

大理寺左少卿致仕韓翼卒。翼字文輔，直隸任縣人，永樂初由鄉貢入太學。丙申擢行在兵部主事，嘗奉命巡視南北驛傳。癸卯陞郎中，董領營繕。正統丙辰陞大理寺右少卿。時有運東南大木至者，抵陸地則不能舉，徒卒環視莫如之何。翼乃令作機軸以省民力。上嘉其能，賜以綵幣，尋陞左少卿。景泰辛未致仕。至是卒，年七十有五。訃聞，遣官賜祭。翼始終居官惟總工役，故政績無聞焉。

一二二九　景泰四年三月　大隆福寺成　《明通鉴》正编卷二六

太監興安，自金英廢後，益專用事，佞佛甚于王振。又見振建大興隆寺，請乘輿臨幸，思有以敵之。乃請別建大隆福寺，費數十萬。是月，寺成，上命尅期臨幸。河東鹽運判官楊浩切諫，謂陛下即位之初，首幸太學，海內之士聞風景嚮。今又棄儒術而崇佛教，非所以垂範後世也。郎中章綸亦上言，佛者夷狄之法，非聖人之道。以萬乘之尊臨非聖之地，史官書之，傳之萬世，實累聖德。上乃止。

一二三〇　景泰四年三月　大隆福寺成　《明会要》卷七五

景泰時，中官興安請帝建大隆福寺，嚴壯與興隆並。四年三月，寺成。

一二三一 景泰四年四月初九日 致仕大理寺左少卿沈灿卒

致仕大理寺左少卿沈粲卒。粲松江华亭人，永乐间与兄度俱以能书供奉内廷。凡朝廷大制作勒金石、载简册，多出其所书。累官翰林侍讲右春坊右庶子，大理寺少卿。正统十四年致仕。至是卒，遣官谕祭。

《明英宗实录》卷二二八

一二三二 景泰四年四月初九日 诏准襄王营造寿藏

先是，襄王瞻墡欲营寿藏于封内五朵山，奏乞听其预栽松柏，令军餘看守[1]，待四方宁谧之时[2]修造。户部请移文勘实。至是，湖广都布按三司官覆奏，此山与军民田土俱无相干。诏从王所请。

①令軍餘看守　廣本餘作人。

②待四方寧謐之時　廣本時作日。

一二三三 景泰四年四月二十一日 命天下诸色工匠四六分拨用工

命天下諸色工匠以十分爲率，四分與内官監各廠用工，六分撥各處上工，以内官章還督之。

《明英宗实录》卷二二八

一二三四 景泰四年四月二十九日 运河船顺带砖暂改纳粮

丙辰，直隸淮安府安東縣典史黄鎮言，山東徐邳等處饑殍盈野。臣見運河船皆順帶甎，乞暫免運甎，令其該運一甎者納粮一升，貯於沿河官倉，用賑饑饉。從之。

《明英宗实录》卷二二八

一二三五 景泰四年四月 新建龙福寺成

新建龍福寺成。

《罪惟录》纪卷七

一二三六　景泰四年五月十七日　監察御史奏弭南京災異

《明英宗實錄》卷二二九

南京山西道監察御史李叔義奏，和氣致祥，乖氣致異，此理之自然，事之必驗者也。近年南京宮殿災、地震。今年四月十九日驟風雨，朝陽門城上旗竿摧其半，石城門南邊城傾圮。此蓋由大臣不能燮理調和之所致也。竊觀南京守備、參贊并五府、六部等官，每月朔望會同議事，各執己私，互相嫉妬。或有興利除害之事，太監謂此事可為，或又必曰不可為。都察院謂此事可行，或又必曰不可行。彼此矛盾，紛紜執拗，事不能成。可謂乖而不和矣。又有甚者，總兵戎而威武不揚，管錢穀而奸弊不革，掌刑名者出入人罪，專造作者費放人匠。以至居銓選、典禮儀、司喉舌、職言路、為守令者，各多不稱其職。人民怨嗟，和氣消沮，此災異之所以迭見而不已也。乞命剛明大臣將各官從公考察，內有昏耄庸鄙，妨政壞事者悉黜退之，別選賢能以補其闕。

仍降詔書戒責，俾皆修省改過，撫安軍民[1]，回復和氣，庶災異可弭，而祥瑞可致。命禮部會官議，尚書胡濙等奏宜勅戒各官[2]，許其自新[3]。從之。

① 撫安軍民　廣本安作綏。
② 宜勅戒各官　廣本各作百。
③ 許其自新　廣本許作使。

一二三七　景泰四年五月十八日　修牺牲所

甲戌，修犧牲所。

《明英宗实录》卷二二九

一二三八　景泰四年七月初十日　命修滁阳王庙

命修滁陽王廟。先是，已奏允修理，緣貲費太多，有司不克奉行。至是，令省費修理之。

一二三九　景泰四年七月初十日　修滁阳王庙　《国榷》卷三一

修滁陽王廟。

一二四〇　景泰四年七月二十五日　诏停天下不急工役　《明英宗实录》卷二三一

詔停天下不急工役，為弭災也。

一二四一　景泰四年八月十七日　造通州大运中仓　《明英宗实录》卷二三二

辛丑，造通州大運中倉。

一二四二　景泰四年八月二十一日　准修理蕲水王府

蘄水王貴燰奏，府治損壞，臣欲鳩工修理，然資財不給。乞於景泰四年、五年歲祿全支本色米，以資應用。從之。

《明英宗实录》卷二三二

一二四三　景泰四年八月二十七日　议迁建国子监

巡按直隸監察御史程璥言。國子監爲天下學校之首，偏在京城東北隅。乞勅工部於今年秋成之後，遷於東長安街之南。改創基圖，革胡元之舊址。增輝丹堊，立當代之新規。不惟天下英才得訪通道德之光，而我　皇上亦可遂幸學之便。豈不聳華夏之觀瞻，恢生民之輿論。斯文之幸，萬世有光。帝命禮部集議。言今水旱相仍，邊城屢警，興工動役，誠非其時。俟豐稔無事之日舉行。從之。

《明英宗实录》卷二三二

一二四四　景泰四年八月　阮安卒

《国朝典汇》卷四三

四年八月，命太監阮安治張秋決河，道卒。安，交阯人。爲人清苦介潔，善謀畫，尤長于工作之事。其修營北京城池、九門、兩宮、三殿、五府、六部諸司公宇，皆大著勞績。平生所受賜予悉出，私帑歸之官用，不遺一毫。蓋中官之不易得者。

一二四五　景泰四年九月二十二日　光禄寺火延大官署宰牲房

《明英宗实录》卷二三三

監察御史伍星會奏，光禄寺寺丞紫望不嚴提督，致火延大官署宰牲房，當治其罪。詔宥之。

一二四六　景泰四年十月初七日　命修理南京太庙社稷坛

庚寅，以南京　太廟　社稷壇殿宇、柱、拱多蛀壞，命内官監及南京工部修理之。

《明英宗实录》卷二三四

一二四七　景泰四年十月二十九日　命大臣撰南京国子监庙学碑文

壬子，命少保兼學士陳循撰南京國子監廟學碑文，從祭酒吳節奏請也。

《明英宗实录》卷二三四

一二四八　景泰四年十一月初五日　命修皇陵白塔坟殿宇

丁巳，命修　皇陵及白塔墳殿宇，遣駙馬焦敬往督其事。

《明英宗实录》卷二三五

一二四九　景泰四年十一月十三日　荆王薨命有司营葬

《明英宗实录》卷二三五

荊

王瞻堈薨。王　仁宗昭皇帝第六子，母妃張氏，永樂四年生，二十二年冊封。至是薨，年四十八。訃聞，輟視朝三日，謚曰憲。遣官賜祭，命有司營葬。

一二五〇　景泰四年十一月十九日　皇太子见济薨

《明英宗实录》卷二三五

皇太子見濟薨，謚懷獻。

一二五一　景泰四年十一月　怀献太子葬西山

十一月，太子薨，谥怀献，葬西山。

《罪惟录》传卷三

一二五二　景泰四年　敕修南京太学之碑

《南雍志》卷七，参见《芳洲文集》卷七

正統中既定鼎北京，論建百務，留都爲
後，以故黃飾漫漶，結搆剝隳，修理不及，傾圯隨
之。景泰初，祭酒吳節始疏以請。
報可。乃經工庀材，越二載告竣。少保兼太子太傅
戶部尚書文淵閣大學士陳循受
詔，撰
勑修南京太學之碑。碑文曰：洪惟國家受　天明
命，奄有萬方。幾百年來治教
休明，超越前古。夫豈偶然之故，此誠　太祖
太宗暨于　列聖，躬行心德，以爲化民成俗
之本之所致也。臣嘗伏覩　祖宗肇建兩京
廟學，　列聖繼統，皆親臨幸，恭修祀禮，訓飭

師生，所以振勵斯文，闡揚風化，以行其用於當世者，靡所不臻其極。其有得於易書，養賢及民籲後，尊帝之旨，亦豈前代所得而同？宜其有以然也。於戲盛哉！仰惟皇上聖神，既銳精於前矣，茲復慮孔子廟及國子監在南京者歲久當有圮廢，無以稱惓惓崇儒養士之意，乃命靖遠伯兵部尚書臣王驥、南京國子監祭酒臣吳節脩閱以聞。驥等還奏，果如聖慮，於是詔工

部臣撤而新之。工修踰年，會因他事推恩，有詔悉停不急諸務，而太子太保工部尚書臣石璞知上初意，乃舉詔旨為請興罷。上曰：「堯舜當務為急，詎非此耶？他何可比，其亟完之。」先是，首其工者尚書王來，壽而卒，底于成則尚書臣王來也。廟故有殿，與所以其祭祀之舍；學故有堂，以及齋館，與所以給供用之居，鉅細以楹計者奚啻千百。至是，故者易之以新，圮者葺之以堅，使復其初；隘而卑者擴而揚之，使宏以偉。凡百所宜有而昔未備者，悉致其完且美，蓋煥然遠過於舊矣。經始於景泰二年之春，而落成于又明年之冬。既而尚書臣來以畢工聞，乃召臣循書識其事于石。臣惟天生萬物，以風雨霜露而後萬物始生，然于物之中尤厚于民；君理萬物，施以予奪生殺而後萬物始理，然于物之中尤厚于賢。天之所以厚于民者何也？賦以仁義禮智之性，使稟其清然，其于性豈能自盡，復以克綏厥猷之責付之于君，即中庸所

謂修道之教也。君之所以尊于賢者何也？施以詩書禮樂之教，使復其性。然教於人豈能自行，

復以庠序學校之事，任之於臣。即孟子謂所以明人倫也。肆我國家，列聖相承，崇儒重道，興學育材，於易詩書禮春秋之文，講之益明，如日星之麗乎天。而四海仰其照臨，於堯舜禹湯文武之道，行之從習，如四時之成乎歲，而萬民蒙其化。易曰：裁成天地之道，輔相天地之宜，以左右民。此之謂也。凡教于斯學于斯者，既往之有足徵矣。方來其可不勉以副　聖天子之盛心於無窮哉。謹再拜稽首，而頌以詩曰：惟天啓皇降衷，民生咸具，必資君師，乃全稟賦。聖明奄有疆土。中天下立，爲民之主。必施治教，乃罔攸負。巍巍　帝業，肇自　太祖。首戡禍亂，削平以武。四方歸戴，如子父母。恩覃德被，洽于率普。海宇既清，文教是務。乃相高曠，揆于前度。茂建太學，黎獻用貯，成均舊宗，夏庠殷序。得之往聞，習于今覩。教崇宣聖，別有堂戶。歲時享祀，鉶鐘考鼓，黍稷醴牢，豆籩樽俎。識之所存，格于物寓，禮教聿興，文化誕布。比屋詩書，連城鄒魯。皇皇　太宗，顯統承緒。學貫六經，功高千古。重道崇儒，莫之或禦。萬乘謙虛，躬往幸顧。俎

亘光輝，緝熙豫。迨于　列聖，相繼臨御，先
後一心，咸篤斯學。作新後乂，簡用師傅，惟賢是
立，克符湯禹。光啓後先，臣民瞻慕。於惟　聖皇，
尊居九五。亶念作聖，好問底裕。嗣保　先烈，無
間微鉅。人惟求舊，器尚易故。況茲南都，育才之
所。　祖宗攸成，奚可弛廢？幾務雖繁，實所在
處。爰敕臣工，一二心膂，撤而新之。俾完以周，必
稽于制，毋或愆矩。臣工效力，罔懈晨暮。自始迄
終，僅再寒暑。煌煌殿堂，翼翼門廡。輪焉奐焉，何
千百數。濟濟師徒，欣快榮遇。以游以學，是遊是
處。　皇有詔曰，而職記汝。其書乃成，俾昭來
論。臣謹作頌，刻石以樹，於萬斯年，恭祝　皇祚。
光祿大夫、少保兼太子太傅、户部尚書、文淵閣
大學士、知　制誥、同知　經筵事臣陳循奉
敕撰。中憲大夫、南京太常寺
少卿臣王謙奉　敕書，并篆。樹於太學門之右，
亭以覆焉。亭高二丈三尺，闊二丈六尺五寸。臺高二尺四寸，闊二丈六尺一寸。

一二五三　景泰四年　重建南京国子监土地祠

《南雍志》卷七

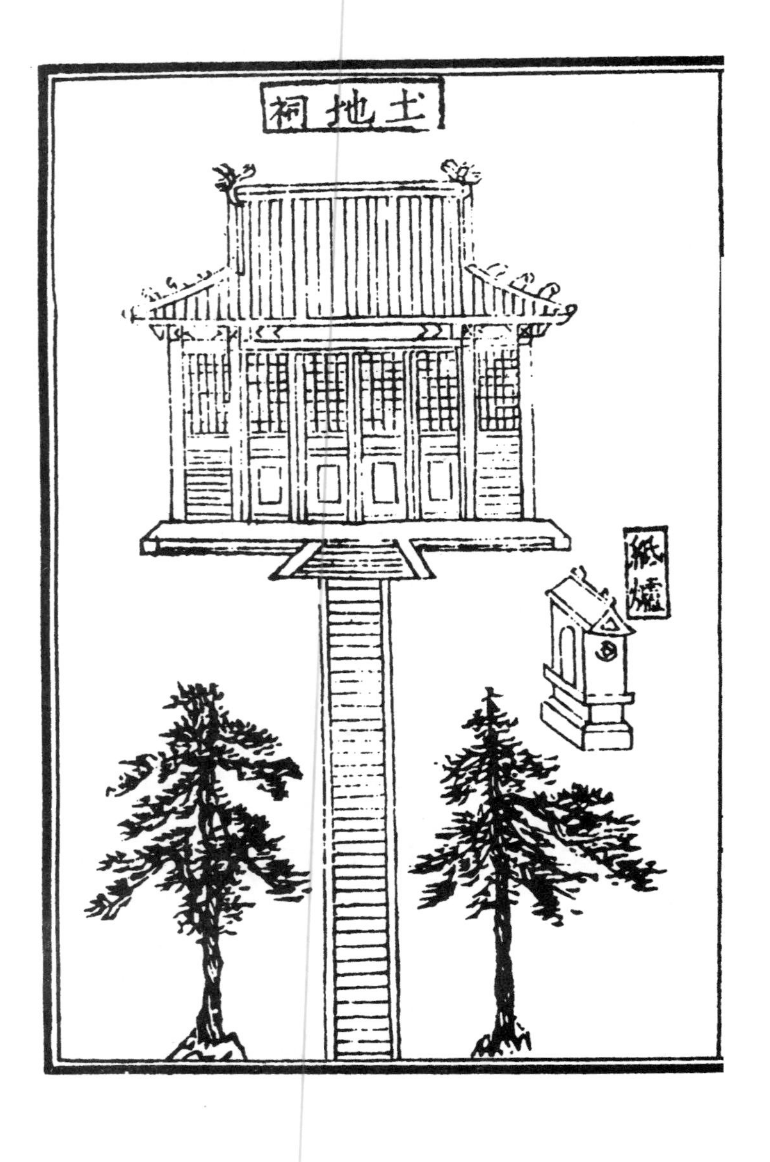

右土地祠圖

土地祠在集賢門内西書庫左。舊祠面東，景泰四年重建，乃改爲面南。祠一間，高一丈三尺五寸，闊二丈五尺四寸，深二丈七尺五寸。

一二五四　景泰四年　大隆福寺成

《帝京景物略》卷一

大隆福寺

大隆福寺，恭仁康定景皇帝立也。三世佛、三大士，處殿二層三層。左殿藏經，右殿轉輪，中經毘盧殿，至第五層，乃大法堂。白石臺欄，周圍殿堂，上下階陛，旋繞窗櫳，踐不藉地，曙不因天，蓋取用南内翔鳳等殿石欄干也。殿中藻井，制本西來，八部天龍，一華藏界具。景泰四年，寺成，皇帝擇日臨幸，已夙駕除道。國子監監生楊浩疏言，不可事夷狄之鬼。禮部儀制司郎中章綸疏言，不可臨非聖之地。皇帝覽疏，即日罷幸，勑都民觀。緇素集次。忽一西番回回蹣跚舞上殿，斧二僧，傷傍四人。執得，下法司，鞫所繇，曰：『輪藏殿中，三四纏頭像，眉稜鼻梁，是我國人，嗟同類苦辛，恨僧匠譏誚，因讐殺之。』獄上，回回抵罪。考西竺轉輪藏法，人誦經檀施，德福滿一藏，爲轉一輪。一貧女不能誦經，又不能施，内愧自悲，因置一錢輪上，輪爲轉轉不休。今寺衆譁而推輪，輪轉，呀呀如鼓吹初作。

一二五五　景泰四年　建大隆福寺

《春明梦余录》卷六六，并见《天府广记》卷三八

大隆福寺，景泰四年建，極其鉅麗。大法堂石欄，乃南城翔鳳殿物，撤用於此。

一二五六　景泰四年　盖造隆福寺

《罪惟录》志卷二八

景泰四年，京師蓋造隆福寺，以居回回之入中土者。

一二五七　景泰四年　建隆福寺

康熙朝《清一统志》卷五

隆福寺在大興縣東大市街之西北。明景泰四年建。

一二五八　景泰四年　改建法林寺

《明一统志》卷一

法林寺，在府[①]西南十二里，舊名竹林寺。景泰四年改建。

① 编者注：顺天府。

景泰五年

（一四五四年一月二十九日至一四五五年一月十七日）

一二五九　景泰五年二月初一日　南京修理太庙兴工　《明英宗实录》卷二三八

南京修理太廟①興工，遣駙馬都尉趙輝祭告。

①南京修理太廟　廣本抱本南上有以字。

一二六〇　景泰五年三月初八日　命修南京观星台　《明英宗实录》卷二三九

命修南京觀星臺，紫微殿，漏刻、晷景二堂，以其年久損弊也。

一二六一　景泰五年三月十四日　言官奏省班匠以纾民力

《明英宗实录》卷二三九

六科給事中林聰等奏，比者　皇上以天降災異下詔求言，臣等謹將愚議切於時務者八事，條具以聞。

一省班匠以紓民力。天下各色輪班人匠①，多是災傷之民，富足者百無一二，艱難者十常八九。及赴京輪班之時，典賣田地、子女，揭借錢物絹布。及至到京，或買囑作頭人等，而即時批工放回者。或私下占使而辦納月錢者。甚至無錢使用，與人傭工乞食者求其著。實上工者百無二三②。有當班之名，無當班之實。況今營造比之永樂年間，十不及一。工作既少，人匠實多。乞勑工部將輪班匠二年一班者，改作四年一班。三年一班者改作六年一班。其見當夫班③、罰班者，悉與除免，止當正班。待其年豐穀熟之時，遇有興作，量為起收上工。如此則工作庶幾不誤，而人力亦得以寬紓矣。疏入，嘉納之。

① 輪班人匠 舊校改斑作班。

② 百無二三 廣本二三作一二。

③ 夫班 舊校改夫作失。

一二六二 景泰五年三月十八日 令加意修理南京太庙社稷坛 《明英宗实录》卷二三九

南京六科十三道奏，適見南京諸守備臣奉勅修理太廟并社稷壇，物料之費，會計百萬。即今百姓艱苦，加此煩擾，恐非能堪。乞勅公廉內臣一人，來同南京守備諸臣從宜勘視。但令修葺損蔽①，免致糜費財力。詔曰，太廟、社稷，朝廷重事，工部其仍令加意修理。果非要者，奏聞處之。

① 損蔽 抱本蔽作弊。

一二六三　景泰五年三月二十六日　诏内府油椿每五年一换

內府所用油椿榥不并石磨，歲一換。有司以內府供用之物不分地里遠近，價直高低，務令小民賣買。雖一物之微，計其買納完備，費銀二三百兩。都給事中林聰等言，油椿石磨皆堅固之物，非用一年可壞者。況今民間疲弊已甚，不宜煩擾。可定例令三年一換，其景泰四年以前負欠者亦宜免追。詔是之，令自後五年一換。

《明英宗实录》卷二三九

一二六四　景泰五年四月初二日　户部请以京城野草饲马

內官監太監陳謹言，西山工作處所缺少磚瓦，宜於西湖景等處建立窯廠，仍將本湖周圍及正陽等九門城壕野草供給燒造。詔從其請。戶部覆奏，先因山東、河南等處連年水旱，收草減耗，奏准摘撥官軍於南海子、西湖景

《明英宗实录》卷二四〇

及正陽等九門城壕採打野草，相兼供給御馬監等衙門及各營馬用，尚且不敷，今欲將前項野草燒造磚瓦。竊惟永樂、宣德間營建北京宮殿城垣，用費磚瓦浩大。是時四方無虞，馬草不供，故可採燒。即今邊務未寧，而飼馬之費，倍於往昔，歲歉相仍，而草束之數，減於常年。況宮殿、城垣，俱已完備，磚瓦之需或可少緩。乞將前項野草，仍全本部採打，候豐稔之日，付內官監廣燒兩便。詔仍從謹言。既而戶科都給事中劉煒等奏，戶部懇切陳乞，非敢為私。乞熟思而審處之。詔始允戶部奏①。

① 詔始允戶部奏　廣本始作姑。

一二六五　景泰五年四月十五日　盖造荆王坟

荆世子祁鎬奏，欲親往蘄州看視蓋造父墳，庶盡人子之心。從之。

《明英宗实录》卷二四〇

一二六六　景泰五年四月二十日　命大臣祭告祖陵

命少保兼太子太傅工部尚書東閣大學士高穀往鳳陽及南京。勑之曰，南京國家創業垂統根本重地，與鳳陽皆祖宗累世陵寢所在。朕所夙夜惓惓在念者也。比聞二處去冬積雪連旬，民皆艱食。今春南京又被火災，燬焚①數千餘家。朕益為之寢食弗寧。特命爾齎捧香帛②等物經詣鳳陽南京，祭告祖陵、皇陵、孝陵及鍾山之神。弭災異於既往，祈福慶於方來。爾須精白一心，致朕孝思誠懇。仍須撫視被災之家，缺食之人。凡有可以賑恤之者，聽爾量宜為之。

《明英宗实录》卷二四〇

庶幾上慰　祖宗之靈，下遂民庶之願。

① 毁焚　舊校改作焚毁。

② 齋俸香幣　廣本抱本俸作捧，是也。

一二六七　景泰五年四月二十四日　更定工匠班次　《明英宗实录》卷二四〇

更定工匠班次。初，各色工匠有二年一班者，有三年一班者。至是，給事中林聰等請以二年者更為四年，三年者更為六年。工部覆奏，請均以四年為次，通計匠二十八萬①九千有餘。除事故外，南京五萬八千，北京十八萬二千。今以北京之數分為四班，歲得匠四萬五千，季得匠一萬一千，亦未乏用。從之。

① 二十八萬　廣本二作一。

一二六八　景泰五年四月二十八日　监察御史奏除奸弊诸事

《明英宗实录》卷二四〇

南京山西道監察御史李叔義奏，自冬徂春，雷雪隆寒甚於北方。米價騰貴，人情震驚。此上天垂戒以警于下也。若非除姦弊以弭災譴，恐變生不測，貽患不小。臣有所見條列以聞。一，南京飯堂之設，賑濟貧民，永樂間柴炭俱出內府。近年俱於上元、江寧二縣買辦。百姓艱難，供用不敷。今龍江瓦屑壩遞年積下抽分木植柴炭朽壞無用。乞勅南京工部除堪用者存留，其無用者支與飯堂應用，庶無靠損京民。一，上新河并水西門，近年多被勢要之家侵占官地，私立塌房。凡遇客商往來，各令家人、伴當邀接，強勒物貨到家，任其貨賣，稍有不從，輒加嗔辱。乞勅南京都察院禁約，庶抑豪勢，以便客旅。一，上新河自洪武、永樂年間灣船入河，以避風浪。近年委官驗船，收鈔方許在河口灣泊。或遇狂風暴雨，大湖巨浪，無處回避，進退兩難。不惟壞船，抑且被盜。乞照舊例，庶無斷害。一，南神策門①直抵金川門一帶隍池，近年多為勢要之家侵占為田池、園圃。乞勅守備大臣并南京都察院堂上官，公同踏勘，務遵舊制開浚，庶得城池深固無虞。一，南京御馬監馬匹數少，養馬旗軍數多，送納苜蓿、青草，多被折取錢物。乞取勘見在馬數，定與旗軍輪班看養，苜蓿、青草量數派納。其餘旗軍退原衛②，庶免虛費糧賞，曠役買閑。一，龍山、清江等廠堆垛木植甚少，役占軍餘數多。乞量存看守，餘皆退回差操，庶免私役耕種，辦納月錢。詔以所言多有理，禮部會官詳議，可行者宜即行之。

① 南神策門　廣本抱本南下有京字，是也。

② 退原衛　廣本抱本退下有回字，是也。

一二六九　景泰五年四月　大隆福寺成

朱国祯《大政记》卷一五，并见《明书》卷九

大隆福寺成

一二七〇　景泰五年五月二十七日　南京横海卫仓失火

《明英宗实录》卷二四一

户部奏，南京横海衛倉失火燬糧，由提督、監收、御史等官不謹之故。請令法司逮鞫御史、主事、倉官、斗級人等。從之。

一二七一　景泰五年五月　增高南宫墙

《罪惟录》志卷八

五年五月，增高南宫牆數尺，伐去城樹。

一二七二　景泰五年七月初八日　毁旧齐府栋梁以修城楼

山東都布按三司官會奏。齊庶人舊府殿宇或火或朽敝已甚，徒勞守者。請毀其梁棟以脩城樓，售其器物以賑貧民，免其看守軍夫以事田畝。從之。

《明英宗实录》卷二四三

一二七三　景泰五年七月十四日　诏工部修筑京师九门城垣

京師霖雨，九門城壇塌決①者甚多。詔工部率軍夫工匠修築之。

① 城壇塌決　廣本抱本壇作垣，是也。廣本塌作堋；抱本作坍。

《明英宗实录》卷二四三

一二七四　景泰五年七月二十日　修中都留守司城

修中都留守司城。

《明英宗实录》卷二四三

一二七五　景泰五年七月二十七日　赵王薨命有司营葬　《明英宗实录》卷二四三

丙子，趙王瞻塙薨。王，趙簡王第二子，母妃翁氏，永樂十年生，二十二年册爲安陽王。宣德七年襲封趙王，至是薨，年四十三。訃聞，輟視朝三日，謚曰惠。遣官祭[①]，命有司營葬。

①遣官祭　廣本抱本官下有致字，是也。

一二七六　景泰五年七月　京师九门城垣多坏　《明史》卷二九

七月，京師久雨，九門城垣多壞。

一二七七　景泰五年七月　命建永丰观　《日下旧闻考》卷四八

原南居賢坊六牌三十六鋪，有海運倉、永豐觀、洞陽觀、正覺寺、福安寺、聖姑寺、慧照寺。（五城坊巷衚衕集）

〔臣等謹按〕海運倉詳官署門。永豐觀在燒酒衚衕，今名永豐禪林，有明成化三年户部尚書薛遠撰碑，略言景泰五年七月命太監阮通時建，賜額永豐，正德六年重修，有禮部侍郎李遜學碑。

一二七八　景泰五年八月初一日　工部奏南京火延烧应天府署　《明英宗实录》卷二四四

工部奏，南京民家火延燒應天府六房，及陰陽醫學文移又多煨燼者①。宜令南京都察院治府尹等官馬諒罪。從之。

① 又多煨燼者　廣本抱本又作亦，是也。

一二七九　景泰五年八月初六日　大臣奏修筑淮安徐州仓城　《明英宗实录》卷二四四

太子少師兼吏部左侍郎翰林院學士江淵奏，臣前奉命出巡，見各處事務多有利當興弊當革者，但爲利所牽制一時不能興革，必欲 聖斷方可施行，謹具以聞。一淮安常盈倉、徐州廣運倉俱在城外，去歲流民就彼趁食者衆，設有盜劫①將何處置，別有警急豈能固守。乞令放回二處輪班操軍，於淮安築一小城以護常盈倉，徐州於城東邑砌一周以護廣運倉爲便。

命所部議行。

① 盜劫　廣本抱本盜作偷。

一二八〇　景泰五年八月二十四日　修南京锦衣卫等十卫仓

修南京锦衣衛等十衛倉。從南京工部左侍郎李浩①言其朽敝也。

《明英宗实录》卷二四四

①左侍郎李浩　廣本抱本左作右，是也。

一二八一　景泰五年十月初五日　修理观星台上梁

甲申，①遣中官祭司工之神。以是日修理觀星臺上梁也。

《明英宗实录》卷二四六

①甲申　舊校删此二字。

一二八二　景泰五年十月初七日　诏修南京十七门城垣楼铺

乙酉，詔修南京朝陽等十七門城垣、樓鋪。

《明英宗实录》卷二四六

一二八三　景泰五年十一月初四日　诏修南京新河口堤岸　《明英宗实录》卷二四七

詔修南京新河口隄岸。

一二八四　景泰五年十一月初九日　改造应天府试院　《明英宗实录》卷二四七

應天府府尹馬諒奏，本府三年開科，其試院借京衛學[①]爲之。因彼地窄，每將儀門墻垣則廢苫蓋席舍[②]廚庫。試畢如舊修還。所費浩繁。竊見永樂間錦衣衛指揮紀綱沒官房基一所寬闊，乞賜改造試院。從之。

① 借京衛學　廣本抱本衛下有武字，是也。

② 將儀門墻垣則廢苫盖席舍　廣本作將儀門拆毀墻垣盖造席舍；抱本作將儀門墻垣拆毀苫造蓆舍。

一二八五　景泰五年十二月十一日　令毁内使太监私造佛庵

《明英宗实录》卷二四八

丁亥，内使阮绢、阿附司礼监太监兴安，为嗎管工大監[①]蔡贒，擅于内府西海子迤作佛庵，及西山等處作生墳佛寺，盗用官木等料萬計。事露，安懼以狀聞，委罪於絹。都察院收絹及賢，鞫得實，坐賢贖斬，絹絞[②]。劾怙恩罔上[③]，冥寘于法[④]。詔安不問，賢、絹亦宥其罪。所造庵、寺令内官監毁之，物料入官。

① 大監　舊校改大作太。
② 坐賢贖斬絹絞　廣本抱本絹下有贖字，是也。
③ 劾怙恩罔上　廣本抱本劾下有安字，是也。
④ 冥寘于法　廣本抱本冥作宜，是也。

一二八六　景泰五年十二月十三日　不许私占南京城壕

《明英宗实录》卷二四八

己丑，南京監察御史鄒亮奏：南京定淮等門外城壕多被太監陳公等私占，種植蓮藕禾苗。命南京户部委官覈勘前地，果可栽種者，召人佃耕起科。如是不應栽種，禁約諸人不許私占。違者罪之。

一二八七　景泰五年　南京大火

《同治上江两县志》卷二

是歲，南京大火。五行志。

一二八八　景泰五年　改造应天府试院

《典故纪闻》卷一二

應天舊無試院，每開科，借京衛武學爲之，學地狹，每將儀門牆垣拆毁，苫蓋席舍，試畢復修。至景泰五年冬，始以應天府尹馬諒言，以永樂間錦衣指揮紀綱没官房改造試院。

一二八九　景泰五年　改立南京试院

《涌幢小品》卷七

試院

京師試院，改作禮部爲之，乃正統年間事。南京試院，乃錦衣衛指揮紀綱沒官住房，地下時有甲馬聲。景泰五年，府尹馬諒奏請改立，以前皆於武學借用，搭蓋苫舍耳。然試院雖改，其中搭蓋如故。萬曆五年，御史陳王道始易以木。

一二九〇　景泰五年　重建文昌宫

《明一统志》卷一

文昌宫在府[①]西南。景泰五年因舊重建。

① 编者注：顺天府。

一二九一　景泰五年　新建文昌宫　《昭代典则》卷二二

道家謂上帝命於潼神掌文昌府事。及人間祿籍。改元加號爲輔元開化文昌司祿宏仁帝君。而天下學校亦多立祠以祀之。京師之廟在北安門外。景太五年間闢而新之勑賜文昌宮額。歲以二月初三日爲帝君誕生之辰。遣官致祭。

一二九二　景泰五年　重建文昌宫　《春明梦余录》卷三九

又按文昌六星在北斗魁前，爲天之六府。道家謂上帝命梓潼神掌文昌府事，及人間祿籍，故元加號爲輔元開化文昌司祿宏仁帝君。而天下學校，亦多立祠以祀之。京師之廟，在北安門外。景泰五年間，闢而新之，勑賜文昌宮額。每以二月初三日爲帝君誕生之辰，遣官致祭。

一二九三 景泰五年 文昌宫在靖恭坊 《日下旧闻考》卷五四

原 圓恩寺在昭回坊，元至元間建。又慈善寺、文昌宫俱在靖恭坊，亦有勅建碑。明順天府志

〔臣等謹按〕圓恩寺在圓恩寺衚衕，有碑二，剥落不可讀。寺西有廣慈庵，碑偈有建立十方院圓恩是比鄰之句，可以爲證。文昌宫在帽兒衚衕，乾隆二十七年重修。西側有斗母宫，其勅建碑無考。

一二九四 景泰五年 创建隆安寺 《日下旧闻考》卷五六

原 隆安寺，天順間廢刹也。萬曆己酉，僧翠林自蜀來，募金錢修佛殿後堂三楹，曰淨土社堂，列龕五十三，結僧徒念佛。歲元旦設果餌享佛盤千數，名曰千盤會。寺後一閣，崇禎元年僧大爲立。帝京景物略

〔臣等謹按〕隆安寺今存，創於明景泰五年。寺中有題名碑記可考。本朝康熙四十七年重修，有右副都御史劉兆麒撰碑。

一二九五　景泰五年　赐额兴国寺

興國寺凡二處一在張家灣舊曰林皋寺建于唐太和間明景泰五年賜今額　本朝康熙十一年州人李向榮修　一在孝行一屯駝子庄

康熙朝《通州志》卷二，参见《图书集成·职方典》卷四九

一二九六　景泰五年　赐额隆教寺

隆教寺在盧龍縣南一里明洪武初建景泰五年賜額　本朝順治六年重修壯麗爲諸剎冠

康熙朝《清一统志》卷九

景泰六年

（一四五五年一月十八日至一四五六年二月五日）

一二九七　景泰六年二月二十日　增置通州仓

增置通州仓。

《明英宗实录》卷二五〇，并见《国榷》卷三一，《图书集成·职方典》卷三七，《日下旧闻考》卷一〇八

一二九八　景泰六年三月初二日　造内观象台简仪成

丁未，造内观象台简仪成。

《明英宗实录》卷二五一，并见《日下旧闻考》卷四六

一二九九　景泰六年三月初十日　建将军直房于左右阙门之侧

乙卯，建将军直房于午门外左右阙门之侧。

《明英宗实录》卷二五一

一三〇〇　**景泰六年三月二十八日　诏速建沁水王子女府第**　《明英宗实录》卷二五一

癸酉，沁水王幼[illegible]奏:子女長成，乞有司為建府第。詔允之。而山西都、布二司慢不為理。王累以為言。詔巡按御史治其官吏罪，速為建置。

一三〇一　**景泰六年四月初三日　增建御花房**　《明英宗实录》卷二五二，并见《国榷》卷三一，《图书集成·考工典》卷四四，《日下旧闻考》卷三九

增建御花房。

一三〇二　景泰六年四月　增建御花房

《明宫词》

桃杏春濃日影遲，御花房北接龍池。君王近愛青樓舞，別起離宫召惜兒。

〔代宗實録〕景泰六年四月，增建御花房。〔鳳洲筆記〕景帝時，召妖姬李惜兒入宫。〔墨緣彙觀録〕景泰花竹雙鳥圖，絹本方幅，高七寸八分，濶七寸二分，著色夾竹桃枝、杏花、雙鳥，景泰五年御筆。

一三〇三　景泰六年五月初十日　修礼部四司

《明英宗实录》卷二五三

修礼部儀制、主客、精膳、祠祭四司。皆以歲久敝壞，且儀制司又燬于火也。

一三〇四　景泰六年五月十五日　賜云岩寺额

《日下旧闻考》卷一三九

【增】雲巖寺在栲栳山，向有道院名栲栳甎，金乾統中華嚴祖師居此，有沙門圓揆塔記。明景泰中重建，勅賜今名，有尚書胡濙及沙門德洽碑。成化中重修，有大學士商文毅公輅重修記。懷柔縣志

【增】胡濙栲栳山雲巖寺碑畧　雲巖寺在京師東北百餘里，順天府懷柔縣栲栳山前，年深傾圮，捐資召匠，先大雄殿，次天王殿，觀音、真武二閣，法堂、方丈、僧舍、齋堂、鐘鼓二樓、享堂、東西兩廡、行者寮、休息亭、庖湢、庫庾，繚以圍垣。景泰六年五月十五日賜額，其近寺兔耳山花板石并越府草場田土俱賜本寺應用。景泰六年某月日立。

一三〇五　景泰六年六月十五日　修居庸关城毕功

《明英宗实录》卷二五四

己丑，修居庸關城畢功，命工部造碑，翰林院撰文，刻置關上，以紀其績。

一三〇六　景泰六年六月二十二日　诏建内官直房

丙申　詔建内官直房于思善門側。

《明英宗实录》卷二五四

一三〇七　景泰六年闰六月初七日　易午门朝钟

易午門朝鐘。舊鐘無故忽失聲，故易之也。

《明英宗实录》卷二五五

一三〇八　景泰六年闰六月初十日　修盖通州仓廒日久弗成

巡按直隷監察御史楊紹①，工部右侍郎趙榮②，總督主事劉善，指揮王玉修蓋通州倉廒。日久弗成，軍匠勞苦，當究其罪。帝宥榮罪，餘命刑部鞫之。

《明英宗实录》卷二五五

①楊紹　廣本抱本紹下有奏字，是也。

②右侍郎趙榮　廣本抱本右作左，是也。趙氏官左侍，見英宗實錄四九七〇面。

一三〇九　景泰六年闰六月二十六日　命修宛平县华家闸

《明英宗实录》卷二五五

命工部修宛平閘①，以水漲堤決故也。

①宛平閘　廣本抱本平下有縣華家三字，是也。

一三一〇　景泰六年闰六月二十九日　命疏浚京城沟渠

《明英宗实录》卷二五五

命給事中、監察御史、工部官督五城兵馬①疏濬京城溝渠。

①兵馬　廣本馬下有官字。

一三二一 景泰六年七月初五日 监察御史请停土木工作

《明英宗实录》卷二五六

监察御史倪敬等言：近闻起造燕室、龍舟①，遊宴之事頗多，木石米粮之費不少。且遊宴歡樂，人主為之，似不為過。但非所以保養聖躬，隆盛聖德之道。伏望皇上罷齋僧之費，節遊宴之樂，凡一應土木工作悉皆停止。上念祖宗創立之艱②，下思小民飢寒之苦，則聖德日新，聖躬萬福。奏下禮部議。近日雨水過多，米粮艱貴。御史所言，蓋欲撙節以裕國用，亦忠愛之意。乞皇上③少留睿念。帝曰，朕已知之。

① 龍舟　廣本抱本舟作船。

② 創立之艱　廣本立作業，是也。

③ 乞皇上　廣本抱本乞上有伏字。

一三一二　景泰六年七月二十八日　秦王薨命有司营葬

《明英宗实录》卷二五六

辛丑，秦王志潔薨。王秦隱王第三子，母唐氏，永樂二年生。二十年封為富平王，宣德三年襲封秦王。至是薨，享年五十二。訃聞，輟朝三日，謚曰康。遣官致祭，命有司營葬。

一三一三　景泰六年八月十五日　令修理观星台

《明英宗实录》卷二五七，参见《日下旧闻考》卷四六

戊午，先是欽天監奏觀星臺在東城上，喧擾不便。而屋宇牆圍（垣）壁亦多損壞。乞徙至東長安街臺基廠，則觀星臺之高與西長安街二塔相對，足為青龍白虎之象，於堪輿家（術言）形勢為宜。帝允其請。至是以其勞擾不徙，姑令修理之。

一三一四 景泰六年八月十八日 诏濬京师城河

辛酉，詔濬京師城河，備雨潦也。

《明英宗实录》卷二五七

一三一五 景泰六年八月二十八日 巡按御史奏革旌表门

辛未，巡按直隸監察御史楊言：天下各府州縣納米旌表義民中有倚朝廷旌表為由，門立三門，中門常杜人不令往來。又擬立高樓峻閣，刻畫龍鳳，名為御書樓，勅書閣。況有酷害良善，暴横鄉曲，乘轎引導者。乞通行天下禁約，今後有不悛前非者，執問如律。仍將旌表門并立石俱革去，原賜勅書亦追之。章下，法司覆奏。從之。

《明英宗实录》卷二五七

一三一六　景泰六年八月　令修理观象台

《天府广记》卷二九

景泰六年八月，欽天監奏：觀星臺在東城上，喧攘不便，而屋宇垣壁亦多損壞。乞徙至東長安街，二塔相對，足爲青龍白虎之象，於堪輿家所言形勢爲宜。帝允其請，後姑令修理之。

一三一七　景泰六年九月初一日　修内府都知监

《明英宗实录》卷二五八

修內府都知監。

一三一八　景泰六年九月初二日　永嘉大长公主薨命有司营葬

《明英宗实录》卷二五八

永嘉大長公主薨。公主，太祖高皇帝第十二女，母惠妃郭氏，洪武九年生。二十二年冊封爲永嘉公主，配駙馬都尉郭鎮。永樂三年封長公主，二十二年加封大長公主。至是薨，享年八十。訃聞，輟視朝一日，遣中官致祭，命有司營葬。

一三一九　景泰六年九月初十日　修内府御药库

《明英宗实录》卷二五八

修内府御藥庫。

一三二〇　景泰六年九月十六日　命修南京城垣水洞

《明英宗实录》卷二五八

命修南京晹谷、滄波門城垣水洞損裂者。

一三二一　景泰六年九月二十四日　令减张家湾运木抽分

《明英宗实录》卷二五八

丙申，四川宜賓縣民奏。臣等採木於萬山之中，辛勤萬餘里始至北京。已自南京抽分五分之一，淮安抽分三十分之一，至張家灣又抽分五分之一，并僦載費用通計之不滿原本之木客①多不至京，蓋有由矣。乞令張家灣自後抽分如淮安例。從之。

① 之木客　廣本抱本之作乃知，是也。

一三三二 景泰六年九月三十日 命修建先贤祠宇

命有司脩建先賢顏回、曾參、程顥①、朱熹祠宇，及定祭儀。仍命翰文院②撰文，令其子孫世襲五經博士者春秋祭之。

《明英宗实录》卷二五八

① 程顥 廣本抱本顥下有程頤二字，是也。
② 翰文院 廣本抱本文作林，是也。

一三三三 景泰六年十月二十一日 衍圣公卒令有司治丧葬

襲封衍聖公孔彦縉①字朝紳，宣聖五十九代孫。甫十歲，襲父爵。太宗皇帝命教於太學，久之遣歸。仁廟賜第於東華門。正統間幸太學，有襲衣冠帶之賜。明年來朝，又有銀印玉帶織金麒麟之賜。

《明英宗实录》卷二五九

至是卒，年五十五。帝遣禮部主事周騤往致祭，并令[2]有司治喪葬。彥縉為人和易，性嗜酒，文學亦少加意[3]。孫弘緒嗣爵。

①孔彥縉　廣本抱本縉下有卒彥縉三字，是也。
②并令　廣本令作命。
③文學亦少加意　廣本抱本文上有于字，是也。

一三二四　景泰六年十月二十三日　修南岳庙

乙丑修南嶽廟。

《明英宗实录》卷二五九

一三二五　景泰六年十一月　改建南京成贤街号舍

六年十一月，南京祭酒吳節奏，成賢街舊有號舍六十六間，年久荒廢，乞行南京工部體勘改建，復字號以居監生。從之。

《国朝典汇》卷六四

一三二六　景泰六年十一月　妙清观落成

《日下旧闻考》卷五二

〔原〕胡濙妙清觀碑畧　觀在西直門内，正統十年，太監陳日新以所居宅施爲五華觀下院。景泰二年，賜額妙清，並予官料以助興作。始於景泰三年五月，落成於六年十一月。景泰七年三月立。

〔臣等謹按〕妙清觀在西直門南小街扒兒衚衕。明景泰七年碑猶在，碑陰刻云崇禎十一年六月初二日安民廠天災震塌本觀，十二年六月之吉重修。所謂天災，乃安民廠火藥局災也。寺今僅存殿三楹。

一三二七　景泰六年十二月二十六日　挑通济河岸及筑堤

《明英宗实录》卷二六一

挑通濟河曲岸①沙灘及築東岸缺隄。

廣本抱本曲作西，是也。

①曲岸

一三三八　景泰六年　诏修颜子等祠庙

乾隆朝《兖州府志》卷一〇

六年，詔有司修葺顏子孟子二程子朱子各祠廟。

一三三九　景泰六年　陈循纂修地理书撰庙学之碑

《芳洲文集》附录

乙亥

是年二月，公受命釋奠先師孔子。公率儒臣纂修天下地理書成，上表進呈。賜名寰宇通志，命鋟諸梓。既而公以總裁增授華蓋殿大學士，兼文淵閣大學士，保傅、尚書悉如故。其他陞秩不差。六月公奉勅撰重脩南京先聖廟學之碑。

景泰七年

（一四五六年二月六日至一四五七年一月二十五日）

一三三〇　景泰七年正月十五日　令修整南京太庙　《明英宗实录》卷二六二

敕南京守備太監陳公、司禮、保安、平江侯陳豫，參贊機務兵部尚書張純曰：向因南京太廟室內失神御物，今遣造完①金龍珠翠燕居冠及挑結龍鳳，俱盛裹如法。特遣內官領直作賷去。爾等即選日付南京神宫監官逐一進御。仍推南京無過名大臣一員行昭告禮，不可怠忽。廟室舊有冠壞者②，就令直作如法修整，毋或擔遲。

① 今遣造完　廣本抱本遣作特，是也。
② 舊有冠壞者　廣本冠作圯，是也。

一三三一　景泰七年正月十七日　狂人坏大隆福寺门窗　《明英宗实录》卷二六二

大隆福寺修佛會，有回回達來觀法狂①，持斧入寺砍眾僧頭，一僧死。遂上佛殿，放火燒燬佛經并壞門窗等物，捕獲斬之。

① 法狂　廣本抱本法作發，是也。

一三三二　景泰七年二月二十一日　皇后杭氏崩　《明英宗实录》卷二六三

庚申，皇后杭氏崩。命發禮從儉約，遣書報宗室諸王。

一三三三　景泰七年二月二十一日　皇后杭氏崩　朱国祯《大政纪》卷一五

庚申，皇后杭氏崩，謚孝肅。營建壽陵。

一三三四　景泰七年二月二十五日　命太监大臣督工营建寿陵　《明英宗实录》卷二六三

甲子，命太監吉祥、保定侯梁珤、工部右侍郎趙榮督工，營建壽陵。

一三三五　景泰七年二月二十五日　太监大臣等治寿陵　《国榷》卷三一

甲子。太監曹吉祥保定侯梁珤工部右侍郎趙榮治壽陵。

一三三六　景泰七年二月二十五日　营寿陵　《明史》卷一一，参见《明通鉴》正编卷二七

二月庚申，皇后崩。甲子，營壽陵。

一三三七　景泰七年二月二十五日　营寿陵　光绪朝《昌平外志》卷六

七年二月甲子，營壽陵。

一三三八　景泰七年二月　营建寿陵　《明书》卷九

營建壽陵。

一三三九　景泰七年三月初一日　给山陵工作官军月米　《明英宗实录》卷二六四

給山陵工作官軍四萬人各月米三斗，鹽一斤。從總兵官武清侯石亨等奏請也。

一三四〇　景泰七年三月二十七日　改抄没房屋为岷府衙署住宅　《明英宗实录》卷二六四

丙申，岷王徽煠奏，新僉齋郎、禮生、廚役、樂舞生，皆無住宅，及奉祀、典儀①、良醫、紀善、典寶等衙門，俱未營建。乞將抄没犯人房屋改用。從之。

① 奉祀典儀　廣本抱本祀作祠，是也。

一三四一　景泰七年四月初六日　修正阳门通水官桥　《明英宗实录》卷二六五

乙巳，修正陽門通水官橋。

一三四二　景泰七年五月初七日　大学士陈循进《寰宇通志》

《明英宗实录》卷二六六

乙亥，少保太子太傅、户部尚書、文淵閣大學士陳循等官，進寰宇通志，賜白金綵幣有差。御製寰宇通志序。文曰，昔孟軻氏之意，以謂天之高也①，星辰之遠也，苟求其已然之跡，則其運有常，雖千歲之久，其日至之度可坐而致。朕亦以謂地之大也②，山川之遼也，苟求其已然之跡，則其理有定，雖萬邦之廣，其事物之實可坐而得。故古之人求博於其約，求難於其易，務簡以盡煩，務邇以盡遠，率由是也。嗟乎③。深居九五④而欲究古今興替之態，自非大有所從事焉。則雖役耳目於宵旰，疲精神於編簡⑤，安能得傳⑥。且難盡煩且遠於務求之項哉，是必如堯舜之志⑦，不偏物，急先務，乃可耳。於戲。禹貢不可尚矣，周禮職方氏亦成周致治之書。至於微世紀略之類尤多，然皆述於偏方⑧，成於一手，非詳於古則略於今，非失於簡便則偏於浩繁，不足以副可坐而得之意。肆朕　皇曾祖考太宗文皇帝睿思廣如神之智，貽謀子孫，以及天下後世，遣使分行四方，旁求故實之凡⑨，有關於輿者⑩聚錄以進⑪，付諸編輯事。方伊始而龍馭上賓。因循至今而先志未畢⑫，則所以成夫繼述之美者，朕焉得而緩乎。竊嘗觀之善其事者，莫先於智，智者所謂務其已然之跡也⑬。是故語上而不遺日月星辰之麗乎天，四時五行之成乎歲，則徒見夫形而上者，其何以參高明覆幬之功。語下而不遺百穀草木之麗乎土，山川嶽瀆⑭之別其區，則徒見夫形而下者，其何以贊博厚持載之功⑮。語人而不遺聖愚賢否之殊，其情可予可奪可親可疎。語物而不遺洪纖高下之各其類，可培可傾可載可覆⑯。以至語為天下而不遺古今事物之異，其域與時可興可觀可因可革可損可益可勸可懲而志其實，其何以副　祖宗恩盡財成之道⑰，輔相之宜，以左右民之志於悠久哉。此朕之於是編所爲惓惓而不敢少緩也。間與二三儒臣商之，使或先後有一未備，不足以全其美，乃復遣人求足，其繼潤輯成編。爲卷凡百一十有九，名曰寰宇通志，藏之秘府而頒行於天下。蓋不獨以廣朕一己之知，而使偏方、下邑、荒服、遐裔無間見之人，咸得悉覩而徧知焉。則知之盡仁之至，庶幾乎無間於遠邇先後矣。

①以謂天之高也　廣本謂作爲，是也。

②朕亦以謂地之大也　廣本謂作爲是也。

③嗟乎　廣本抱本乎作夫。

④深居九五　廣本五作重。

⑤疲精神於編簡　舊校改編簡爲簡編。

⑥安能得傳　廣本抱本傳作博，是也。

⑦堯舜之志　廣本志作知，是也。

⑧皆迷於偏方　廣本抱本迷作述，是也。

⑨旁求故實之凡　廣本凡作典，是也。

⑩有關於輿者　廣本抱本輿下有地字，是也。

⑪ 來錄以進　廣本抱本來作采，是也。

⑫ 而先至未畢　廣本至作志，是也。

⑬ 務其已然之跡也　廣本抱本務下有求字，是也。

⑭ 山川嶽瀆　廣本嶽作巖，誤。

⑮ 博厚持載之功　廣本抱本功作力。

⑯ 可培可傾可載可覆　廣本抱本作可栽可培，可載可覆，是也。

⑰ 財成之道　廣本財作裁。

一三四三　景泰七年五月二十四日　敕谕宽恤军民

《明英宗实录》卷二六六

壬辰，敕諭中外大小文武羣臣曰，朕恭膺天命，總理萬機①，顧涼德之靡勝②，致乖違之有自③。上天懸象，垂戒實深。竊惟敬謹之嚴，宜布寬恤之原④。咨爾百辟，體朕至懷。其悉心以奉行，毋因情而違拒⑤。故方命者，罪在不原。所有合行事宜，條列於後。軍民利病⑥，敕書所不及者，並許開具來聞⑦，冀上答於天心，下安養於蒸庶，共臻太平之治，永隆宗社之仁⑧。故諭，一，逃軍、逃囚、逃匠，勑書到日，在京限一個月、在外限三個月以裏⑨，許令自首，俱免本罪。軍還原伍，民發寧家，匠仍當匠。

一，內外法司，見監問及行提未到一應罪囚，自景泰七年五月二十四日以前，除謀反、大逆⑩、子孫殺祖父母、父母⑪、 妻妾殺夫⑫、奴婢殺主、蠱毒、魘魅、毒藥、謀故殺人、强盜不有⑬外，其餘罪無大小，并見發做工、運磚、運灰⑭等項，俱各宥免。如炒鐵、擺站，年限滿日，擬人更替⑮。其文職官吏、人等，有犯贓罪，原籍為民。若犯奸貪，行提照勘未結者，仍候問理明白，依律照例發落⑯。

一，浙江等布政司，并直隸府、州、縣，年例買辦採辦白真黃牛皮、底皮⑰、羊皮、羊角⑱、紅花、青靛、椿木⑲、筀竹、毛竹等項，許該載來盡，除已徵收在官者⑳仍送赴部，其未徵收者俱暫停止。待豐年照例買辦。一，浙江等布政司、直隸府、州、縣，所辦蘆柴、并河泊所折收魚油㉑、翎鰾、熟鐵、生鐵、銀硃、生漆、桐油等項，自景泰六年終以前，拖欠未完、未徵起解者㉒，悉與寬免。一，各府、州、縣，各色輪班、住坐人匠，洪武、永樂年間一戶止當一匠，後因工部奏准，將丁多之家分作二名或三、四名應當匠役者，乃其從前㉓未曾習曉匠藝，正統年間至今被人僻報在官，連年官司勾擾，不能安生者，該部有司悉與明白查勘。三四名者，止當一匠。果係僻報者，悉與除豁。一，各布政司、府、州、縣官，有在逃失班各色人匠，今後不必拿解，免其罰班，止當正班。其有私買僞印、批工、批迴等項，在景泰五年以前者，許其首告，改正，悉宥其罪。一，各處造作不急之務，聽從所在有司申達，該部具奏定奪，以甦民困。

①總理篤機　廣本抱本皇明詔制篤機作萬幾，是也。

②顧凉德之靡勝　廣本抱本詔制靡作弗，是也。

③致乖違之有自　廣本致作故。詔制與館本同。

④宜布寬恤之厚　廣本抱本厚作澤。詔制制與館本同。

⑤毋用情而違拒　廣本拒作抗。詔制作懼。

⑥軍民利病　廣本抱本詔制病作弊。

⑦幷許開具來聞　詔制來作奏。

⑧永隆宗社之仁　詔制仁作休。

⑨限三個月以裏　廣本裏作內。詔制作裏。

⑩除謀反大逆　廣本抱本除下有犯字。詔制無犯字。

⑪子孫殺祖父父母　廣本抱本詔制孫下有謀字，是也。

⑫妾殺夫　舊校妾上增妻字。

⑬不宥　廣本宥作赦。詔制作宥。

⑭運灰　詔制灰作炭，是也。

⑮擬人更替　廣本抱本詔制擬作撥，是也。

⑯ 依律照例發落　廣本無照例二字。詔制與館本同。

⑰ 黄牛皮底皮　廣本抱本詔制底上有水牛二字，是也。

⑱ 羊皮羊角　廣本作羊毛角。抱本詔制作羊毛羊角。

⑲ 青靛椿木　詔制靛下有瀝沙油三字。

⑳ 除已徵收在官者　廣本詔制無收字。

㉑ 析收魚油　詔制析作折，是也。

㉒ 未徵起解者　廣本抱本詔制徵下有未字，是也。

㉓ 及其從前　廣本抱本詔制其作有。

一三四四　景泰七年六月二十二日　葬肅孝皇后杭氏　《明英宗实录》卷二六七

庚申，葬肅孝皇后杭氏。

一三四五　景泰七年六月二十三日　命长陵陵户存一丁以供洒扫

長陵陵户一百四十餘家奏乞優免里甲。命存一丁以供洒掃，餘令應役。

《明英宗实录》卷二六七

一三四六　景泰七年七月初二日　如诏修葺昌化王府

昌化王仕壥奏，本府蒙賜修葺。被都指揮孫瑛挾私忿，以爲邊軍不敷沮之。且瑛强奪人地，擅投軍匠①千百人，私科木料造己宅，何以不言邊軍不敷也。事下法司，請行山西二司②如詔修葺昌化王府。王所奏瑛違法，事下巡按御史康其實以聞。從之。

《明英宗实录》卷二六八

①擅投軍匠　廣本抱本投作役，是也。

②山西二司　廣本抱本西下有都布二字，是也。

一三四七　景泰七年七月初八日　南京山川坛灾

《明英宗实录》卷二六八

乙亥，南京大風、雷雨，山川壇前殿東西廊災。

一三四八　景泰七年七月初八日　南京山川坛灾

《国榷》卷三一

乙亥。南京大風雨。山川壇殿廡災。

一三四九　景泰七年七月十三日　朝廷新梓潼祠宇

《明英宗实录》卷二六八

庚辰，太常寺奏，今五嶽、四瀆皆祀典。鍾山以孝陵所在附神主於中嶽①，每歲孟春祭南郊既合祀之，仲秋祭山川又專祀之。惟天壽山祖宗三陵所在，今又益以壽陵，猶未列諸祀典。請于每歲春祈秋報祔祭[②]天壽山神主於比嶽[③]之壇。雖牲勞[④]不加而事體寔宜。至若梓童神[⑤]亦有功德於民。朝廷既新其祠宇，命道流事之。而二月初三日乃其 辰[⑥]也，亦宜事以羊豕[⑦]、酒果。俱從之。

① 附神主於中徽 廣本抱本徽作嶽，是也。
② 祔祭 廣本祔作附。
③ 比嶽 舊校改比作北。
④ 牲勞 廣本抱本勞作牢，是也。
⑤ 梓童神 廣本抱本童作潼，是也。
⑥ 辰 舊校辰上補誕字。
⑦ 亦宜事以羊豕 廣本抱本事作祀，是也。廣本豕作豚。

一三五〇 景泰七年七月二十二日 命修清河沙河榆河等桥

《明英宗实录》卷二六八

命保定侯梁瑶、工部左侍郎趙榮督營山陵軍夫三千五百人，修清河、沙河、榆河等橋。以自京抵山陵道所經也。

一三五一　景泰七年七月二十五日　敕修建南京山川坛　《明英宗实录》卷二六八

壬辰，敕南京守備平江侯陳豫、參贊機格[1]兵部尚書張純、及工部尚書王來，修建山川壇。以被災故也。

① 參贊機格　廣本抱本格作務，是也。

一三五二　景泰七年七月二十七日　升蒯祥陆祥为工部右侍郎　《明英宗实录》卷二六八

陞太僕寺少卿蒯祥[1]，俱為工部右侍郎，仍督工匠。

① 蒯祥　廣本抱本祥下有陸祥二字，是也。

一三五三 景泰七年七月二十七日 蒯祥陆祥为工部右侍郎

甲午。太僕寺少卿蒯祥陸祥爲工部右侍郎。仍督工匠。蒯木工。陸石工。

《国榷》卷三一

一三五四 景泰七年七月 南京山川坛各庙灾

南京大風雨，山川壇各廟災。

朱国祯《大政纪》卷一五

一三五五 景泰七年七月 蒯祥陆祥为工部侍郎

以工匠蒯祥、陸祥為工部侍郎。

蒯祥以木工、陸祥以石工，俱累擢太僕寺少卿，至侍郎，仍督工匠。時稱為匠官。

欽定四庫全書　御批歷代通鑑輯覧　卷一百四　六十

《历代通鉴辑览》卷一〇四，并见《通鉴纲目三编》卷一一

一三五六　景泰七年七月　蒯祥等督工京城营建

《明通鉴》正编卷二七

以工匠蒯祥、陸祥爲工部侍郎。時營建數起，工役繁興。蒯以木匠，陸以石匠，俱援軍功例累擢太僕少卿，至是遂爲卿貳，仍命督工匠。時稱匠官云。

一三五七　景泰七年八月初一日　以營建山陵香殿祭神

《明英宗实录》卷二六九

遣保定侯梁瑶①祭天壽山后土及司工之神。以營建山陵香殿故也。

① 梁瑶　舊校改瑤作瑤。

一三五八　景泰七年八月初八日　宣圣庙乐舞生仍留在庙

《明英宗实录》卷二六九

襲封衍聖公孔弘緒奏，宣聖廟自洪武七年欽選樂舞生一百二十八人，以備祭享。後有事故，應用不敷，臣祖父襲封衍聖公彦縉①奏，准於隣近府、州、縣借撥俊秀子弟八十餘人，習學樂舞，以補事故之缺。近者族人克昫等奏稱濫設，致蒙革去。臣思樂舞之設，所以格幽享神，苟或有缺，則大成之樂不能全設，有負聖朝崇重之意。乞將革去樂舞去仍留在廟。從之。

① 彦縉　抱本縉誤晉。

一三五九　景泰七年八月十一日　命陕西人匠赴西宁营建佛寺

《明英宗实录》卷二六九

命陝西三司以本處明年該班人匠及起軍夫四千人，赴西寧營建佛寺，給以口粮。

一三六〇　景泰七年九月初二日　修建南京山川坛兴工

己巳，以南京修建山川壇於是日興工，命駙馬都尉趙輝等官祭告天地、風雲雷雨、嶽鎮海瀆、山川及司工之神。

《明英宗实录》卷二七〇

一三六一　景泰七年九月初五日　宁王府火延烧南昌前卫

巡撫江西右僉都御史韓雍奏，本年九月初五日寧王府內火，延燒南昌前衛軍民八百余家，資財盡燬，男婦死者四人。臣等已如勑諭從宜量支官錢賑恤。其南昌護衛指揮、千戶並儀衛司官坐視不救，俱合執問。詔俱宥不問，賑恤事命戶部如之。

《明英宗实录》卷二七一

一三六二　景泰七年九月初五日　宁王府火

壬申。寧王府火。

《国榷》卷三一

一三六三　景泰七年九月初五日　宁府火

七年九月壬申，寧府火，延燒八百餘家。

《明史》卷二九

一三六四　景泰七年九月十九日　周王薨命有司营葬

丙戌，周王子屋薨。王，周簡王長子，母苗氏，永樂二十年生，正統六年封爲世子，景泰六年襲封周王。至是薨，年三十五。訃聞輟視朝三日，謚曰靖。遣官致祭，命有司營葬。

《明英宗实录》卷二七〇

一三六五　景泰七年十月初一日　修国子监　《国榷》卷三一

修國子監。

一三六六　景泰七年十月初一日　赐锦衣卫百户香火院　《明英宗实录》卷二七一

以故太監李德所建靈福寺並園地，賜錦衣衛百户李安為香火院。

一三六七　景泰七年十月初三日　修北京国子监　《明英宗实录》卷二七一

己亥，修北京國子監。

一三六八　景泰七年十月十一日　勘地起盖寿陵卫衙门营房

《明英宗实录》卷二七一

丁未，户部委官主事陈旺奏比奏，准永安城南门外民地，堪起盖寿陵卫官军衙门、营房，计用地三顷有余。将勘出长陵等卫旧设衙门、营房基址，空闲田地，如数拨还民人领种。诏户部知之。

一三六九　景泰七年十月十二日　有司为安塞王建置家庙

《明英宗实录》卷二七一

戊申，庆府安塞王秩炅，以家庙不称，乞有司为建置。从之。

一三七〇　景泰七年十一月二十二日　修南京聚宝门城垣　《明英宗实录》卷二七二

戊子，修南京聚寶門城垣。

一三七一　景泰七年十一月二十五日　修天地坛丹陛石栏　《明英宗实录》卷二七二

辛卯，修天地壇丹陛、石欄。

一三七二　景泰七年十一月二十九日　盗窃天地坛斋宫

盗竊天地壇齋宮什器，太常寺官自劾典守不嚴。命悉宥之，而令所司捕賊。時試御史閻鼎①巡街奏言，壇宇深邃，齋宮曲密，稍加關防，外人豈能遽入。况前至壇内，其樂舞生賣酒市内宛成賣區，往來驢馬喧雜，無復禁忌。是致狎邪窺探於平日，乃能從容為盗于一時。究厥所由，咎當誰執，其主典祠官既置不聞，尚不嚴為禁約，是無復法制矣。禮部尚書胡濙等亦言，朝廷大事莫不於祀天地。今祭祀什物器為盗所竊，其典守之官罪不容誅。雖已加原宥，然恐其肆無忌憚，將來怠職廢事，何所不至。於是，罷奉祀楊禮謙等官，而令禮部為條約榜示之。

《明英宗实录》卷二七二

① 閻鼎　廣本抱本鼎作鼐。

一三七三　景泰七年十二月十三日　建金龙四大王祠

《明英宗实录》卷二七三，并见《续通考》卷七九

戊申，建金龍四大王祠於沙灣，命有司春秋致祭。從左副都御史徐有禎①奏請也。

① 徐有禎　舊校改禎作貞。

一三七四　景泰七年　重建白云观长春殿

《日下旧闻考》卷九四

【增】邵以正重建白雲觀長春殿碑略　都城西南，觀曰白雲，邱真人仙蛻在焉。舊有殿曰長春，乃清和尹宗師所搆以覆遺蛻而奉真人者也。日就傾圮。念真人與先師劉真人偶同長春之號，而師祖趙真人又受北派金丹之傳於真人，而以正實嗣派之雲孫也，乃謀新之。殿三楹，既像真人於其中，復圖十八大師暨祖師先師之像於其壁，經始於景泰丙子，落成於次年。

景泰朝

（一四五〇年一月至一四五七年一月）

一三七五　景泰朝　金水河桥成

《玉堂丛语》卷一

楊公翥有厚德，爲景皇帝宫僚；居京師。乘一驢，鄰翁老而得子，聞驢鳴輒驚，公遂鬻驢徒行。天久雨，鄰垣穴，潴水公舍，家人欲與競。公曰：「雨日少，晴日多，何競爲？」金水河橋成，詔簡有德者試涉；廷臣首推公焉。

一三七六　景泰中　造屋覆盖进士题名碑

《典故纪闻》卷一二，并见《国朝典汇》卷六四

國子監進士題名碑原在大成門下，正統間移於太學門外。景泰中，司業趙琬言，風雨飄淋，易於損壞，始命工部造屋覆蓋。

一三七七　景泰年　不允改国子监基址

《图书集成・职方典》卷三

景泰　年，御史程璥請改國子監地，不允。

按，國史唯疑。國子監在京城東北隅，景泰中，御史程璥請於東長安街之南改創基址，不允。

一三七八　景泰间　敕建大河神庙

康熙朝《兖州府志》卷一九

敕建大河神廟。在州西六十里壽張沙灣岸上。明景泰間敕建。春秋二仲，東平、東阿備祭，管河工部郎中行禮。碑記詳見藝文。

一三七九　景泰中　新梓潼帝君庙

《明史》卷五〇

梓潼帝君者，記云：「神姓張名亞子，居蜀七曲山。仕晉戰沒，人爲立廟。唐、宋屢封至英顯王。道家謂帝命梓潼掌文昌府事及人間祿籍，故元加號爲帝君，而天下學校亦有祠祀者。景泰中，因京師舊廟闢而新之，歲以二月三日生辰，遣祭。」夫梓潼顯靈於蜀，廟食其地爲宜。文昌六星與之無涉，宜敕罷免。其祠在天下學校者，俱令拆毀。

一三八〇 景泰间 隆福寺落成

《菽园杂记》卷六

嘗聞景泰間，京師隆福寺落成，縱民入觀。寺僧方集殿上，一回回忽持斧上殿殺僧二人，傷者二三人。即時執送法司鞫問，云見寺中新作輪藏，其下推轉者，皆刻我教門人像。憫其經年推運辛苦，讐而殺之〔九〕，無別故也。奏上，命斬於市。

一三八一 景泰朝 建大隆福寺

《万历野获编》卷二七

此外京城內有大隆福寺。景帝所建。至撤英宗南內木石助之。未幾又從山西巡撫都御史朱鑑言。謂風水當有所避。乃命閉正門不開。禁鐘鼓聲。又拆寺門牌坊。所謂第一叢林者。而無救于禍難。

一三八二 景泰年间 建大隆福寺

《日下旧闻考》卷四五

【原】仁壽坊八舖有府軍後衛、金吾右衛、隆福寺、仰山寺。五城坊巷衚衕集 原在中城，今移改。

〔臣等謹按〕五城坊巷衚衕集，金吾右衛在南薰坊，朱彝尊原書作仁壽坊，誤。府軍後衛，坊巷集不詳其地。仰山寺云有前後街，今俱無可考。隆福寺在大市街西馬市北，其街猶以寺得名。明景泰年間建，有碑在寺中。

原 景泰三年六月，命建大隆福寺，役夫萬人。以太監尚義、陳祥、陳謹，工部左侍郎趙榮董之。閏九月添造僧房。四年三月工成。明景帝實録

原 景泰五年四月，新建隆福寺成，車駕擇日臨幸，有司已夙駕除道。太學生濟寧楊浩上疏：陛下即位之初，首幸太學，海内之士，聞風快覩。今又棄儒術而崇佛，豈可垂範後世耶？儀制郎中章綸亦言：以萬乘之君，臨非聖之地，史官書之，傳之萬世，實累聖德。上覽疏，即日罷行。時又有太學生西安姚顯疏言：王振竭生民膏血，修大隆興寺，車駕不時臨幸。請自今凡内臣修蓋寺院，悉行拆毁，以備倉廒之用。時不能用。自正統至天順，京城内外建寺二百餘區，大臣諫官不言，而二生言之，一時名震中外。明典彙

原 大隆福寺爲景帝所建，至撤英宗南内木石助之。未幾，又從山西巡撫都御史朱鑑言，謂風水當有所避忌，乃命閉正門不開，禁鐘鼓聲。又拆寺門牌坊所謂第一叢林者，而無救於禍難。成化間，又以妖僧繼曉建護國大永昌寺，致勞憲宗親幸。不逾时曉誅，寺毁。二寺皆逼近禁籞。隆福今尚存，而永昌無寸椽片瓦矣。野獲編

原 京師鉅刹，大興隆、大隆福二寺爲朝廷香火院，餘皆中官所建。菽園雜記　以上四條原在中城，今移改。

增 大隆福寺，三世佛、三大士處殿二層，三層左殿藏經，右殿轉輪，中經毘盧殿至第五層，乃大法堂。白石臺欄，周圍殿堂，上下階陛，旋繞雕欄，踐不藉地，曙不因天，蓋取用南内翔鳳等殿石欄杆也。帝京景物略

增 隆福寺在東城大市街之西北，明景泰四年建。本朝雍正元年重修。每月之九十日有廟市，百貨駢闐，爲諸市之冠。有世宗御製碑文，又御書真如殿匾曰慈天廣覆。乾隆十一年，皇上御書匾二，曰法鏡心宗，曰常樂我淨。大清一統志

〔臣等謹按〕真如殿聯曰：覺海澄圓無所住，義天高廣本來空。皇上御書。

增 世宗皇帝御製隆福寺碑文　京城之内東北隅有寺曰隆福，肇建於明景泰三年，逾歲而畢工。營構之費悉出於官，蓋以爲祝釐之所。自景泰四年距今二百七十餘年，風雨侵蝕，日月滋久。朕昔曾經斯寺，有感於懷。茲乃弘施資財，庀材召匠，再造山門，重起寶坊。前後五殿，東西兩廡，咸葺舊爲新，飾以釆繪。寺宇增輝煥之觀，佛像復莊嚴之

相。既告厥成，因勒貞石，以紀其事。夫佛之爲道，寂而能仁，勸導善行，降集吉祥，故歷代崇而奉之。然朕非以自求福利。洪範曰，歛時五福，用敷錫厥庶民。言王者之福以被及羣生爲大也。然惟我皇考聖祖仁皇帝功德隆厚，歷數綿長，四海兆人胥登仁壽之域。自古帝王備福之盛，無有比倫。朕纘嗣鴻基，思繼先志，使遐邇烝民，嚮教慕義，俱植善果，各種福田。藉大慈之佑，感召休徵，錫以繁祉。井里安阜，耄期康寧，享太平之福永永無極。則朕所以受上天之景福承皇考之慶澤者，莫大乎是。此朕爲蒼生勤祈之至願也夫。

一三八三　景泰朝　建大隆福寺

《京师坊巷志稿》卷上

隆福寺街

隆福寺互詳寺觀，井二。寺後井一。坊巷衚衕集：仁壽坊八鋪。有府軍後衛、隆福寺、仰山寺。明一統志：中城兵馬司，在仁壽坊。又有金吾右衛。萬曆沈志：有境靈寺。案：今皆廢，惟隆福寺存。坊巷衚衕集云仰山寺有前後街，今亦無考。野獲編：大隆福寺爲景帝所建，至撤英宗南内木石助之。未幾又從山西巡撫都御史朱鑑言，謂風水當有所避忌，乃命閉正門不開，禁鐘鼓聲，又拆寺門牌坊所謂第一叢林者，而無救於禍難。菽園雜記：京師巨刹，大興隆、大隆福二寺，爲朝廷香火院，餘皆中官所建。藤陰雜記：廟市，惟東城隆福、西城護國二寺，百貨具陳，目迷五色，王公亦復步行評玩。鮑西岡鈔有句云：三市金銀氣，五侯車馬塵。足括廟市之勝。案：市期在月之九十日。周大樞存吾春軒詩鈔，有隆福寺觀市一百韻。

一三八四 景泰初 拆大兴隆寺前牌坊

《涌幢小品》卷二八

景泰初，勑大興隆寺，不開正門，鳴鐘鼓，并毁寺前第一叢林牌坊、香爐、旛竿，從巡撫山西右副都朱鑑之言也。

一三八五 景泰年间 建崇恩寺北观音寺

《明一统志》卷一

崇恩寺，在府①西北。又有北觀音寺，亦在府西北。俱正統、景泰年間建。

① 编者注：顺天府。

一三八六　景泰中　敕建法华寺　《日下旧闻考》卷四五

原法華寺在明照坊，俱有勅建碑。明順天府志　原在中城，今移改。

〔臣等謹按〕法華寺在今豹房衚衕，明景泰中太監劉通捨宅爲寺。天啓中重修，詔賜藏經璽書，有大學士黄立極碑記。

一三八七　景泰中　敕建法华寺　《京师坊巷志稿》卷上

大、小報房衚衕

報或作豹。井一。北大院井一。正白旗蒙古漢軍都統署俱在大報房衚衕，詳衙署。坊巷衚衕集：明照坊六鋪。萬曆沈志：法華寺在明照坊，有敕建碑。案：寺在大報房衚衕，明景泰中，太監劉通捨宅爲寺，詳寺觀。元宋褧燕石集有明照坊對雨詩。

一三八八　景泰中　重建敕賜云岩寺

康熙朝《怀柔县新志》卷二

雲巖寺在縣東九十里栲栳山，向有道院名栲栳磚，創自金乾統中。義琛禪師所居，參訪受法者前後三百餘人，遠近持供者無數。義琛入定坐化，備著靈異。詳見沙門圓揆所撰塔記。道院年深毀壞，明景泰中御馬監太監阮讓捐資重建。鑿山開基，崇墉廣廈，比舊增倍。事聞，勅賜爲雲巖寺，賜經一藏，并寺前越府草場地與寺內，永爲香火，詳尚書胡濙及沙門德洽碑。讓交趾人，歷事四朝，陞擢御馬監，先後督軍征勦苗寇，屢次立功，留鎮湖貴。後卒柩還，賜塟寺西。其後

懷柔縣新志　卷二　十二

寺田爲人侵奪，廟宇亦漸頹毀。成化中太監潘璌奏復前地，寺獲更新，見商文毅公輅重修記。入

國朝，草場地復被侵佔。邇年寺僧來寬漸次恢復，寺亦修整。山下增建娘娘廟。

一三八九 景泰间 改真武庙为妙缘观

妙緣觀衚衕 井一。舊有真武廟，明景泰間改名妙緣，詳寺觀。廟前井一。

《京师坊巷志稿》卷上

一三九〇 景泰间 敕建清虚观

舊鼓樓街 井一。有清虛觀，明景泰間建。萬曆沈志：清虛觀、廣福觀，俱敕建，在日中坊。

《京师坊巷志稿》卷上

一三九一 景泰间 募建佛国寺

佛國寺在太平門外鍾山之西，古華嚴菴。明景泰間僧募建，賜今額，有胡濙記。今復重修。（明王韋遊佛國寺詩：障開佳麗地門

康熙朝《江宁府志》卷三一，参见《图书集成·职方典》卷六六一，乾隆朝《上元县志》卷一二

一三九二　景泰间　赐吉祥寺普门寺额

嘉靖朝《湖广通志》卷一〇

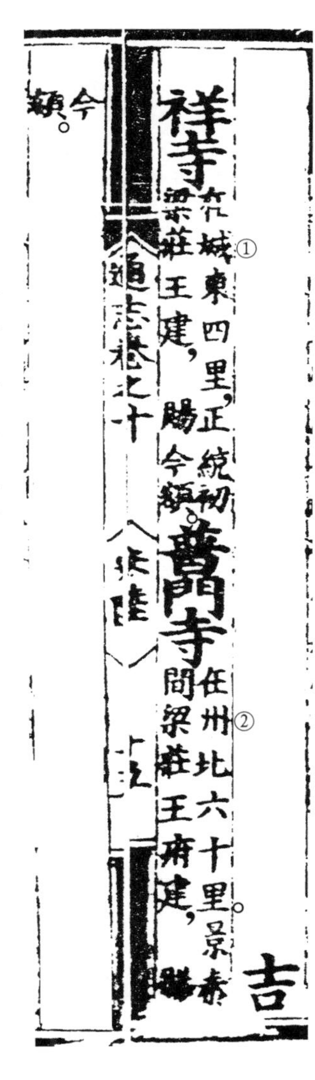
吉祥寺在城①東四里，正統初梁莊王建，賜今額。普門寺在州②北六十里，景泰間梁莊王府建，賜今額。

《通志卷之十》

①　编者注：钟祥。

②　编者注：安陆。

一三九三　景泰中　阮安卒

《明史》卷三〇四

阮安有巧思，奉成祖命營北京城池宮殿及百司府廨，目量意營，悉中規制，工部奉行而已。正統時，重建三殿，治楊村河，並有功。景泰中，治張秋河，道卒，囊無十金。

天顺元年

（一四五七年一月二十六日至一四五八年一月十四日）

一三九四 天顺元年正月二十一日 以复位改元大赦天下

《明英宗实录》卷二七四

廼今月十七日，朕為

公、侯、駙馬、伯及文武群臣六軍萬姓之所擁戴，遂請命于 聖

母皇太后，祗告 天地、 社稷、 宗廟，以今年正月十七日復

即皇帝位，躬理幾務，保固家邦。其改景泰八年為天順元年，大

赦天下，咸與維新，所有合行事宜條示于後。

一，各處連年災傷人民饑窘。一應造作除修理城垣急務，所司備呈該部具奏定奪外，即今內外修寺造塔一應不急之務，悉皆停罷，以蘇民力。一，景泰年間有差內官內使齎送金銀等物，往西寧瞿曇寺賞賜及修理殿宇寺院者，詔書到日悉皆罷免。金銀等物原係在京去者仍行照數解京。其帶去食茶，不分公私，見數收留彼處有司聽支銷①。木植等料就彼收貯官用。人夫工匠盡行放免，內官內使即便回京。

一，内外各衙門住坐人匠，宣德、正統年間在逃者，中間多有丁盡戶絶，不許坐名行提。景泰元年以後在逃者，照例提解，其各色輪班人匠自景泰七年十二月終以前在逃及正班、失班，一體寬免。見行起取蘇、松、杭、嘉、湖五府織挽②等匠，來京住坐者，不必起解，仍令本處住坐。其有挾讎妄報，并一戶分作二、三戶以上輪班當匠者，止當一匠，其餘悉與除豁。

① 聽支銷　各本聽下有候字，是也。

② 織挽　廣本挽作造。按皇明詔制載原詔作挽。

一三九五　天顺元年正月二十四日　敕毋令内官兼管差拨人匠

《明英宗实录》卷二七四

勑工部臣曰，差撥外府輪班人匠，永樂間皆有定制。爾工部其遵行之，毋令内官兼管。

一三九六 天顺元年二月初一日 皇太后制谕宗室群臣

《明英宗实录》卷二七五

天順元年二月乙未朔 皇太后制諭宗室親王及中外文武群臣。仰惟 太祖高皇帝 太宗文皇帝開創帝業，統御華夷，仁宗昭皇帝繼述鴻猷，大敷治理。承傳至我 宣宗章皇帝克寬克仁，萬邦允懷。不幸晏棄臣民，遺命於吾，必立嫡長子祁鎮爲 皇帝，已歷十有五年，敬天勤民，無怠無荒。比因虜寇犯邊，出塞荼毒，爲恐禍延① 宗社，不得已親率六師以禦之。此實安天下之大計也。不意兵將失律，乘輿被遮。時爾文武群臣以社稷爲重，恪遵 宣宗皇帝遺詔，表請于吾，立 皇帝長子見深爲皇太子。因其幼沖，吾仍命庶次子郕王祁鈺輔之，豈期性本梟雄，遂據天位。已而虜酋畏天，知 帝德罔愆，歷數有在，奉帝回京。而祁鈺既貪天位，曾無復辟之心，乃用邪謀反爲幽閉之計，廢出皇儲，私立己子。斁敗綱常，變亂彝典。縱肆淫酗，信任姦回。毁奉先傍殿，建宫以居妖姣。汙緝熙便殿，受戒以禮胡僧。濫賞妄費而無經，急徵暴斂而無藝。府藏空虚，海内窮困。不孝不弟，不仁不義，穢德彰聞，神人共怒②。 上天震威，屢垂明象。神祇恬不知省，拒諫飾非，造罪愈甚。既絶其子，又殃其身。疾病彌留③，朝政遂廢。中外危疑，人思正始④。乃於今年正月十七日，先朝内臣暨公侯、駙馬、伯、文武群臣，六軍萬姓，同誠表請，已命 皇帝復正大位，以慰群情，以安 宗社。惟天道福善而禍淫，吾當體天以行罰。人心好善而惡惡，吾當順人以正名。雖母子之至情，於大義而難宥，其廢景泰僭子祁鈺，仍爲郕王。如漢昌邑王故事，已令群臣送歸西内，俾如安養⑤。於戲，天下乃 祖宗之所開創，天位乃 列聖之所相傳。天位既復，人心乃安。布告天下，戚使聞知。

①爲恐禍延
②神人共怒
③疾病彌留
④人思正統
⑤俾知安養

廣本爲作惟。
抱本怒作憤。
廣本留作深。
影印本統字模糊。
廣本抱本安本知作之。

一三九七　天顺元年二月初一日　降蒯祥陆祥官仍旧管工

《明英宗实录》卷二七五

降匠官工部右侍郎蒯祥、陸祥爲太僕寺少卿，仍舊管工。先是雲南道御史沈性奏，景泰年間，部府舊僚及匠作屬流皆擢美官，乞裁省之。下吏部議，及是吏部悉具職名以聞。故有是命。

一三九八　天顺元年二月初五日　发僧录司右阐教充军

僧録司右闡教道坚嘗因故太監陳祥奏請建大隆福寺，且假祈禳入内殿誦經，費府庫財。上命斬之。已而刑科覆奏，命宥死發充鐵嶺衛軍。

《明英宗实录》卷二七五

一三九九　天顺元年二月初六日　发僧德观充军

有僧德觀者，故太監王勤嘗為請白金千餘兩，修造廣德寺。勤既誅，德觀亦下獄。上曰，此輩妄費内帑，其杖一百，發邊充軍。

《明英宗实录》卷二七五

一四〇〇　天顺元年二月十七日　王骥奏请夺东上南门功

靖遠伯王驥奏，正統十三年奉命領兵往征孟養賊子思機發。臣男王祥屢有奇功，被奸臣于謙嫉恨，止陞流官指揮僉事錦衣衛帶俸。今於天順元年正月十七日，臣又同男祥隨發總兵官石亨奪東上南門。人衆將臣并男擠倒在地，得都督劉聚救起。望憐臣孤忠，將男祥與世襲，臣父子不勝感激。從之。

《明英宗实录》卷二七五

一四〇一　天顺元年二月十九日　郕王薨葬祭礼如亲王制

癸丑，郕王薨。上命禮部議葬祭禮。禮部議如親王例，輟視朝二日，至發引復輟朝一日。上從之，命謚曰戾。

《明英宗实录》卷二七五

一四〇二　天顺元年二月十九日　郕王薨谥曰戾

天順元年二月乙未朔，廢景泰，仍爲郕王，歸西内。皇太后制諭也。戊戌，命郕王所立皇太后吴氏仍號宣廟賢妃，皇后汪氏復爲郕王妃，懷獻太子見濟爲懷獻世子。肅孝皇后杭氏及貴妃唐氏俱革其名號。欽天監奏革除其年號。　上曰：朕心有所不忍，仍舊書之。癸丑，郕王薨，葬祭禮如親王，謚曰戾。唐氏等妃嬪俱賜紅帛自盡，以殉葬。

雙槐歲抄　卷九　五

《双槐岁抄》卷九，参见《日下旧闻考》卷一〇〇

一四〇三　天顺元年二月十九日　郕王薨于西宫

《明史》卷一一

癸丑，王薨於西宫，年三十。謚曰戾。毁所營壽陵，以親王禮葬西山，給武成中衛軍二百戶守護。

一四〇四 天顺元年二月十九日 诏郕王丧葬悉依亲王例

癸丑，詔郕王喪葬悉依親王例。毁所營壽陵，葬之西山，謚曰戾。

《明通鉴》正编卷二七

一四〇五 天顺元年二月十九日 郕王薨

八年二月乙未，廢帝爲郕王。癸丑，王薨，毁所營壽陵，今景泰窪。以親王禮葬西山。

光绪朝《昌平外志》卷六

一四〇六 天顺元年二月二十六日 郕戾王葬金山

上曰兵部①臣曰，郕戾王葬金山，與許悼王及懷獻世子墳園同處。宜於武成中衛撥官三員、旗軍三百戶守護。將見有校充軍役者補之。

① 上曰兵部 舊校改曰爲謂。

《明英宗实录》卷二七五

郕王薨，

謚曰戾。毁所營壽陵，葬金山，與夭殤諸王、公主墳相屬。帝欲以汪妃殉，李賢曰，汪妃雖嘗為后，即幽別宮。況妃無子，所生兩女皆幼，尤可憫。帝乃已，以妃唐氏等殉葬。

尋沂王復儲位，雅知汪妃前諫易儲事，請于帝，遷居舊王府，得盡攜宮中所有而出，與周太后相得甚歡。歲時入宮，叙家人禮。性剛執，一日，英宗問太監劉桓曰，記有玉玲瓏繫腰，今安在。桓言，當在汪妃所。英宗命索之。妃投諸井，對使者曰，無之。已而告人曰，七年天子，不堪消受此數片玉耶。後有言妃出所攜鉅萬計，英宗命檢取之。立盡。

質實

周太后，英宗妃，憲宗生母也。昌平人。

明史贊曰，景帝當倥偬之時，奉命居攝，旋正大位，以繫人心。事之權而得其正者也。篤任賢能，勵精政治。强寇深入，而宗社以安，再造之績，良云偉矣。而乃汲汲易儲，南內深錮，朝謁不許，恩誼恝然，終于與疾齋宮。小人乘間竊發，事起倉卒，不克以令名終。惜夫。

一四〇八　天顺元年三月初二日　请造完南京山川坛

《明英宗实录》卷二七六

南京守備太監陳公言，南京工部已備料積工，將建山川壇。適有詔罷不急之務，臣惟山川之神，春秋有祀，殿宇不存，神無所依，非不急之務也。請如舊造完。從之。

一四〇九　天顺元年三月初六日　遣使册立皇太子封诸王

《明英宗实录》卷二七六

己巳，遣忠國公石亨爲正使，靖遠伯王驥爲副使，册立皇太子。寧陽侯陳懋爲正使，興濟伯楊善爲副使，封德王。太平侯張軏爲正使，吏部尚書王翱爲副使，封秀王。會昌侯孫繼宗爲正使，兵部尚書徐有貞爲副使，封崇王。文安伯張輗爲正使，禮部侍郎鄒幹爲副使，封吉王。詔天下曰，朕惟帝王之傳序，乃國家之大經。建元良，所以尊宗廟而重社稷。封羣胤，所以壯藩屏而隆本支。今古攸同，典章斯具。茲朕躬膺　天命之申，便登大寶之位。顧惟不腆，事有未遑，而公侯、駙馬、伯及文武羣臣僉謂朕之元子，當便正於東宮，其次諸子宜悉封於藩國。朕以請之　聖母①皇太后，允從衆議，舉行盛禮。乃於天順元年三月初六日，冊立元子見濡②爲皇太子，及封第二子見潾爲德王，第三子見澍爲秀王，第四子見澤爲崇王，第五子見浚爲吉王。於戲承祧主器得其人，則國本正而萬邦以貞。胙土封③守其世，則藩輔完而大統以定。天下之心斯有所繫，　宗廟之計永底于安。故茲詔告，咸使聞知。

①聖毋　舊校改毋作母。

②見濡　舊校改濡作深。

③胙士封　廣本抱本中本士下有疏字，是也。

一四一〇　天顺元年三月十五日　枷内官于内府新房外

枷内官劉茂于内府新房外。景泰閒，茂嘗使盲以馬載唐妃遊西海子，馬驚妃墜，因命茂選良馬二十日①控習之，以俟上復位。有言茂欲擒太監劉永誠未發，遂執茂下獄，故有是命。

①選良馬二十日　廣本日作匹，是也。

《明英宗实录》卷二七六

一四一一　天顺元年三月二十一日　修彰义门广济庵

甲申，修彰義門廣濟庵。從太監吉祥奏請也。

《明英宗实录》卷二七六

一四一二　天顺元年三月　建秀王府

《明史》卷四二

汝寧府

汝陽倚。天順元年三月建秀王府，成化八年除。十年建崇王府。洪武初，縣廢，四年七月復置。

一四一三 天顺元年三月 建吉王府

《明史》卷四四

長沙府

長沙倚。治西北。洪武三年四月建潭王府，二十三年除。永樂元年，谷王府自北直宣府遷於此，十五年除。二十二年建襄王府，正統元年遷於襄陽。天順元年三月建吉王府。

一四一四 天顺元年四月初六日 增修锦衣卫狱

《明英宗实录》卷二七七

增修錦衣衛獄。

一四一五 天顺元年四月十三日 修太庙社稷坛

《明英宗实录》卷二七七

丙午，修太廟、社稷壇神道、御道及壇垣。

一四一六　天顺元年四月二十四日　命文武百官朝见襄王

《明英宗实录》卷二七七

丁巳

命文武百官朝見襄王於諸王館。

一四一七　天顺元年四月二十六日　设柴厂于易州

《明英宗实录》卷二七七

免易州城西北民地十頃①有奇該徵糧草。以工部奏設柴廠於其處也。

①十頃　廣本十作千。

一四一八　天顺元年四月　追复王振官立祠曰旌忠

四月，追復王振官，立祠祀之。初，土木之難，言官劾振招權誤國，或有謂今陷虜中及爲虜用者。至是，其黨劉恒等以聞。上大怒曰，振爲虜所殺，朕親見之。追責言者，奪都御史王竑官，安置江下。詔復振原官，刻木爲振形，招魂以葬。塑像智化寺北祀之，敕賜祠曰旌忠。

《国朝典汇》卷三三，参见《日下旧闻考》卷四八

一四一九　天顺元年五月初七日　命预造襄王园寝

命湖廣三司

預造襄王贍墳園寢。從王請也。

《明英宗实录》卷二七八

一四二〇　天顺元年五月初十日　谕大兴宛平各设养济院　《明英宗实录》卷二七八

壬申　上諭户部臣曰，比聞京城貧窮無依之人行乞于市，誠可憫恤。其令順天府于大興、宛平二縣各設養濟院一所收之。即令[①]暫于順便寺觀内京倉米煑飯[②]，日給二餐，器皿、柴薪、蔬菜之屬從府縣設法措辦。有疾者撥醫調治，病故者給以棺木[③]，務使鰥寡孤獨得霑實惠[④]。仍令五城兵馬司從實取勘當賑濟者，即令送府，不得濫冒[⑤]侵數，違者責有所歸。

① 即今　舊校改今作令。

② 京倉米煑飯　各本倉下有支字，是也。

③ 棺木　影印本木字不明晰。

④ 得霑實惠　廣本霑實作沾恩。

⑤ 不得濫冒　抱本濫冒作冒濫。

癸酉，命工部尚書趙榮毀壽陵。

初，襄王瞻墡來朝。　上命往謁　三陵。王還，上章言，郕王葬杭氏，明樓高聳，僭擬與　長陵、　獻陵相等。況　景陵明樓未建，其越礼犯分乃如是。臣不勝憤悼。伏覩　皇太后制諭，廢之如昌邑王。臣閱漢書，霍光因昭帝無後，援立昌邑以承漢祀，而無纂奪之非。後因過惡甚淫，數其罪而廢之，復其原爵。其郕王所叨承　皇上寄托之權，而乃乘危篡位，改易儲君，背恩亂倫，甚淫無度，殆危　社稷，豈特昌邑之比乎。幸遇　皇上豁達大度、寬仁厚德，友愛之篤，待之如初。又存其所葬杭氏僭擬之跡而不廢，雖　聖德之可容，①柰礼律之難恕。伏望夷其墳墉，毀其樓寢，則礼法昭明，天下幸甚。　上是王言。遂命榮帥長陵等三衛官軍五千人往毀之。

①雖聖德之可容　廣本可作包。

一四二二　天顺元年五月十一日　毁废帝郕王寿陵

癸酉。毁廢帝郕王壽陵。時襄王瞻墡謁天壽山。還言郕王葬杭氏越分乞毁之。以工部尚書趙榮往。

《国榷》卷三二

一四二三　天顺元年五月　京城大风雷电雨雹

國朝天順元年五月，京城大風雷電雨雹，拔木壞屋，走正陽門下馬牌於郊外。曹吉祥之門巨樹皆折，石亨宅水深數尺，京師震恐。

《奇闻类纪》一，并见《日下旧闻考》卷一六〇

一四二四　天顺元年五月　毁景泰寿陵

毁景泰壽陵。

朱国祯《大政记》卷一六

一四二五　天顺元年五月　立王振祠

《大政纪》卷一三

五月癸亥朔，追復王振官，立祠祀之。

正統中張太后既崩，振益恣肆，作大第於皇城東。又明年作智化寺於宅左以祝釐。及土木之難，言官劾其擅權誤國，或有謂今陷虜中反為虜用者，振族黨並坐誅，夷第宅入官，改為京衛武學。至是振黨以聞。上大怒曰：振為虜所殺，朕親見之。追責言者過實，皆貶竄。詔復振原官，刻木為振形，招魂以葬，塑像於智化寺北，祀之，敕賜額曰旌忠，以僧照勝奉其香火。

皇明大政紀　卷十三　十一

一四二六　天顺元年六月初七日　雨雹摧毁奉天门东吻牌

《明英宗实录》卷二七九

是日晴霽。酉刻，大風、雷雨驟從西北來，發樹壞屋，須臾雨雹大如雞卵，至地經時不化。奉天門東吻牌推毀①。

欽天監掌監事、礼部右侍郎湯序等奏：雹者，陰脅陽也。盛陽雨水湯熱，陰氣脅之則轉為雹。今聽政之所有此災異，是上天垂

戒于 皇上也。占書曰，凡雨雹所起，必有愁怨不平之事。又曰，爲兵爲饑在國都，則咎在君相，任能用賢則咎除。臣等伏乞 皇上謹遵天戒脩省，寬恤天下刑獄。 上覽奏稱善。諭群臣曰，上天示戒，固朕菲德不能召和，亦爾群臣不能盡職，或刑獄寬濫所致。朕自當脩省，爾群臣益當警惕[2]，内外刑獄有寬濫未伸者，宜加寬恤。該衙門計議以聞。

① 推毁 廣本抱本安本推作摧，是也。

② 益當警惕 寶訓益作亦。

一四二七 天顺元年六月初七日 雨雹毁奉天殿东鸱吻 《国榷》卷三二

是日酉刻。大風雨雹拔木。毁奉天殿東鵄吻。

一四二八　天顺元年六月初七日　雨雹摧毁奉天门东吻牌

天顺元年六月己亥，雨雹大如雞卵，至地經時不化，奉天門東吻牌摧毀。

《明史》卷二八，参见《明史》卷一二

一四二九　天顺元年六月初七日　大雨雹坏奉天门鸱吻

是日，大風震雷，拔木發屋。須臾，大雨雹壞奉天門鴟吻。上敕羣臣修省。

《明通鉴》正编卷二七

一四三〇　天顺元年六月十二日　命督修正阳门等城门楼铺

命工部左侍郎孫弘督脩正陽門等城門、樓鋪。

《明英宗实录》卷二七九

一四三一　天顺元年六月　大风雹坏奉天门东吻

師大風雹，壞奉天門東吻，走下馬牌。

朱国祯《大政记》卷一六

一四三二　天顺元年六月　雨雹击毁奉天殿东吻

大風雷雨雹。

大風震雷，發屋拔木。雨雹大如雞卵，擊毀奉天殿東吻，正陽門下馬牌飛擲郊外。都人震恐。

《通鉴纲目三编》卷一二，并见《明会要》卷六九

一四三三　天顺元年七月初二日　命修理朝阳门至通州桥道

修理朝陽門至通州一帶橋道。時夏雨驟集，道多積水，橋亦損壞，糧運不便。故命修理之。

《明英宗实录》卷二八〇

一四三四　**天顺元年七月初三日　修神机营**

《明英宗实录》卷二八〇

修神機營。火、雷前後殿及教場官廳。

一四三五　**天顺元年七月初五日　承天门灾**

《明英宗实录》卷二八〇，并见《国榷》卷三二，《明史》卷二九，《明通鉴》正编卷二七；参见《大政纪》卷一三，《明史》卷一二

丙寅夜，承天門災。

一四三六　天顺元年七月初六日　上躬祷于昊天后土

《明英宗实录》卷二八〇

丁卯，上躬禱于　昊天上帝、　后土皇地祇曰，恭惟皇天眷命，復承大統，深思負荷之艱，惟以弗勝是懼。即位以來，災異屢現①。星變不消，烈風震雷，拔樹壞屋，午門吻牌摧毀，承天門樓被災。臣祁鎮觀此變異，不勝驚惶。　上天示戒，必有其由。意者，事天法　祖，未盡其誠歟。爵賞刑罰，未得其當歟。忠良者未盡用，而姦邪者未盡去歟。所見不明，而聽讒任佞②歟。節儉不崇，而侈用傷財歟。徵斂掊剋之政不息，而刑獄冤濫之未雪歟。以致民日困窮，人懷嗟怨。故　天威震怒，災譴頻臻。臣祁鎮自今深咎于衷③，省躬思罪。痛加懲乂，改過自新。仰體仁恩，大赦天下。伏祈洪造，曲賜宥原，轉禍爲祥，用寧家國。臣不勝惶懼待罪之至。○復遣會昌侯孫繼宗、太平侯張軏、文安伯張輗、刑部右侍郎劉廣衡徧告太廟、社稷、山川、城隍等神。詞曰，祁鎮夙以菲德，新復大位，政有闕違，獲戾于上。比者星文見異，風雷致災，午門吻牌頹毀，承天門樓被災。臣祁鎮省躬思咎，莫知所由。仰冀洪慈，俯賜矜憐。轉災爲福，永底安寧。不勝惶懼懇祈之至。謹告。

① 災異屢現 抱本現作見。

② 聽讒任佞 廣本抱本聽作信。

③ 自今深咎于衷 廣本衷作中。

一四三七 天顺元年七月十二日 以承天门灾诏大赦天下

癸酉，詔曰，朕以菲德，早承大統。中罹多難，復登宸極。夙夜兢惕，罔敢怠荒。乃天順元年七月初六，日承天門災。此誠上天示譴，莫究所由。朕甚驚惶，省躬思咎，務新其德，永惟奉承天意，必以施惠爲先。其大赦天下，咸與維新。所有寬恤事宜條示于後。

《明英宗实录》卷二八〇

一、文武官吏軍民人等犯罪，運甎、運灰、運石、運水和炭、運糧、運料、煎鹽、炒鐵、做工、擺站立功、哨瞭、發充儀從、軍伴、膳夫者，悉皆踈放，各還職役、寧家隨住。其終身炒鐵、煎鹽者，有年五十五歲以上及篤疾者，有司驗實，亦與放免。

一、各處天順元年七月十二日以前，派辦額辦拖欠物料，除軍需遮洋等項船料不免外，其各色皮張、白真黄牛皮、魚油、翎鰾、黄白麻、銀球①、生漆、榆槐、櫨等木，檾麻②、連包荆條、蒲草、猫竿等竹③、黄蠟、銅線、雜草、土硝、瀘沙等料，及安慶等府遞年該納南京均工蘆柴，除已徵在官者，仍令起解，以充今年額辦之數。未徵收者，悉皆停止。其油椿木、石磨亦待下年解納，以後三年一换，永爲定例，不許内外衙門更改朦朧奏請追徵，違者罪之。

一、內外各處造作，除城垣、河道、倉廒急務，所在官司具陳修理外，其餘一應不急之務，暫且停止。各衙門不許擅自移文興工修造，果有應修造者，亦要奏請定奪。

③ 銀珠　舊校改珠作硃。

② 縈廲　廣本縈作茔。詔制與館本同。

① 猫筀等竹　詔制無等字，是也。抱本竹誤行。

一四三八　天顺元年七月二十二日　命勘视修理皇陵并白塔坟

《明英宗实录》卷二八〇

鳳陽神宮監太監雷春奏，皇陵并白塔墳正殿、兩廡、金門、碑亭及齋宮靈星門、①神廚庫房等處，俱被風雨損壞。上命南京工部委官與中都留守等官勘視修理。

① 及齋宮靈星門神　廣本靈作櫺。

一四三九　天顺元年七月二十二日　增拨仁庙妃坟茔看守坟户

《明英宗实录》卷二八〇

奉御韋良奏，臣奉命管領看墳六戶看守　仁廟恭靖賢妃墳塋。今增添恭懿惠妃、真靜敬妃二墳，墳戶數少。請于附近昌平、宛平二縣僉撥四戶看守爲便。從之。

一四四〇　天顺元年七月　承天门灾命阁臣草诏

《寓圃杂记》卷三

天順元年七月五日，〔一〕承天門災，命閣臣岳正草詔，〔二〕言多自咎，權奸甚恨，遂貶肅州。

校勘記

〔一〕「五日」，原本脱「五」，英宗天順實録卷二八〇天順元年七月條載：「丙寅，夜，承天門災。」七月爲壬戌朔，丙寅當是五日，據補。

〔二〕「命閣臣岳正草詔」，原本脱「閣」，英宗天順實録卷二七九天順元年六月癸卯條載：「命翰林院修撰岳正於内閣參預機務」。據補。

一四四一　天顺元年七月　承天门灾下诏修省宽恤

《昭代典则》卷一七

秋七月

承天門災下詔修省寬恤

敕曰：朕以菲德，恭膺天命，祇復寶祚，于今半月，圖治雖勤，應天無効，乃天順元年七月初六日，承天門災，朕心振警，罔知所措。意者敬事天神，有未盡歟？成憲不遵歟？善惡不分，而用舍乖歟？曲直不辨，而刑獄冤歟？征調多方，而軍旅勞歟？賞賚無度，而府庫虛歟？請謁不息，而官爵濫歟？賄賂公行，而政事廢歟？朋奸欺罔，而阿附權勢歟？羣吏弄法，而擅作威福歟？征歛徭役之法太重，而閭閻田里靡寧歟？讒諂奔競之徒倖進，而忠言正士不用歟？抑爲軍衛有司者，闒茸酷暴，貪曲無厭，而致軍民不得其所歟？凡若此者，皆傷和氣，致災之由，而朕或有所未明也。今朕省愆思咎，怵惕是存。爾文武羣臣，既任耳目股肱之寄，當懷左右輔弼之圖。況君臣一體，休戚惟均，果有合行事宜，必當直言無隱。其或躬蹈前非，亦宜洗心改過，於戲！應天者當以實，致弭災者不事虛文。朕與爾等尚懋敬之。故諭。○又詔曰：朕以菲德，早承大統，中罹多難，復登宸極，夙夜兢惕，罔敢怠荒。乃天順元年七月初六日，承天門災，此誠上天示譴，莫究其由，朕甚驚惶，省躬思咎，務新其德，惟奉承天意，必以施惠爲先。其大赦天下，咸與維新。

《国朝典汇》卷一一四

一四四二　天顺元年七月　承天门灾下诏责躬大赦天下

天順元年七月六日，承天門災，下詔責躬，大赦天下。岳正草詔，歷陳弊政，詞極切直，天下傳之。

《明史纪事本末》卷三六

一四四三　天顺元年七月　承天门灾命草诏罪己

承天門災，上命正草詔罪己，歷陳奸邪蒙蔽狀。

會

一四四四　天顺元年七月　承天门火　《明书》卷八五，参见《二申野录》卷二，《通鉴纲目三编》卷一二

天順元年．七月．承天門火．

一四四五　天顺元年七月　承天门灾下诏罪己　《历代通鉴辑览》卷一〇五，并见《明会要》卷七〇

秋七月，承天門災。
下詔罪己，勅羣臣修省。

一四四六　天顺元年八月初一日　命内府各监局军匠月支米五斗　《明英宗实录》卷二八一

先是，内府各監局軍匠月支米一石，餘丁不支。宣德間以軍匠輪班上直，得以休息。又日支光祿寺飯，足以養贍。故月令支米六斗。景泰間又止令支四斗。至是右少監顏恒等奏稱各匠艱難，遂命軍匠月支米五斗，餘丁月支三斗。

一四四七　天顺元年八月二十四日　修承天门外左右直房

修承天門外左右直房。

《明英宗实录》卷二八一

一四四八　天顺元年九月初二日　令寺僧募缘修理庐山万寿禅寺

江西廬山天池萬壽禪寺住持僧慧究奏，昔　太祖高皇帝混一區宇，以周顛仙有翼衛功，駕幸本山，勑建寺宇、碑亭，命僧住持。　列聖相承，咸加修葺。近頻于疾風久雪之所震壓。乞遣官督工修之。　上曰，方今民多艱窘，朝廷凡事悉從簡省，以寬恤之。若復從事土木，安知所遣者不生事，重擾吾民乎。其第令本僧募緣修理之。

《明英宗实录》卷二八二

一四四九　天顺元年九月初六日　给天寿山役作官军行粮

給天壽山役作官軍行糧每人月三斗。

《明英宗实录》卷二八二

一四五〇　天顺元年九月十三日　给天寿山防护役作官军口粮

給天壽山防護役作官軍殺虎手百人口糧，每人月米三斗。從右都督過興奏請也。

《明英宗实录》卷二八二

一四五一　天顺元年九月十九日　沈王薨命有司治丧葬

庚辰，瀋王佶焞薨。王，瀋簡王庶長子，母夫人章氏。永樂五年生，二十二年封武鄉王，宣德七年襲封瀋王。至是薨，年五十有一。訃聞，上輟視朝二日，遣官致祭。謚曰康，命有司治喪葬。

《明英宗实录》卷二八二

一四五二　天顺元年九月二十日　书复襄王令造完寿葬

辛巳，書復襄王瞻墡①曰，比者遠勞尊叔跋涉來京，得叙親親之誼，深慊于懷。所贈儀物不腆，略表至情。今承諭已歸至府，同妃及世子寧鄉、棗陽二王各以長箋奉馬禮物來謝，蓋感厚意。尊叔所營壽藏，因災異欲暫停工，足見憂國恤民之心。但已命有司整治，不可中止。其仍令建完，以成初意。

①贍墻 舊校改贍作瞻。

一四五三　天顺元年十月初七日　赐故太监王振葬祭

賜故太監王振葬祭。時太監劉恒等言，振恭勤事上，端謹持身，左右贊襄，始終一德。陷沒土木，歲久未沐招葬。上亦憫念振，故有是命。

《明英宗实录》卷二八三

一四五四　天顺元年十月初八日　赐岳飞庙额曰忠烈

賜宋將岳飛廟額曰忠烈。命有司春秋祭之。從杭州府同知馬偉奏請也。

《明英宗实录》卷二八三

一四五五 天顺元年十月二十八日 赐在京并浙江等处四十寺额

賜在京并浙
江等處寺額曰，真慶、嘉福、圓林、觀音、淨覺、普壽、南泉、雲間、慶寧、
永慶、妙寧、常樂、顯寧、憲明、昭靈、昭寧、碧峯、護國、景會、福嚴、靈雲、
報因、報國、大勝、清源、普利、英臺、慈會、興善、淨業、廣福、崇化、法空、
廣憲、延壽、龍泉、普濟、靜仁、崇慶、龍興凡四十寺。

《明英宗实录》卷二八三

一四五六 天顺元年十月 赐宋将岳飞庙额忠烈

賜宋將岳飛
廟額忠烈。

朱国祯《大政记》卷一六

一四五七 天顺元年十一月二十日 取旧齐府器皿赴京

已革齊庶人王府，其先被火災燒毀，銅鐵器皿悉取赴京。從
工部奏請也。

《明英宗实录》卷二八四

一四五八 天顺元年十一月二十二日 兵部尚书奏移居

兵部尚書陳汝言奏，臣舊居甚卑隘。忠國公太平侯至臣家，每見廳事低小，輒欲為臣請。臣奮激阻當，不許請。乃各出銀二百兩，及臣有賞賜銀百五十兩，買致仕官井氏宅。今欲移居，不敢不以聞。上許之。其所買蓋故駙馬都尉井源宅也。汝言匿之，不以實聞云。

《明英宗实录》卷二八四

一四五九 天顺元年十二月初七日 修饬天地坛牌额

丁酉，工部以大祀將近，請修飭天地壇各牌額，及籩豆亭、帳房等件。從之。

《明英宗实录》卷二八五

一四六〇 天顺元年十二月十五日 华阳王诬告弟僭越

乙巳，初華陽王友堚奏，弟鎮國將軍友壁綉造龍衣、龍幡，屋梁畫龍，及令人用毒藥害己等事①。至是廷臣奉命廉其詞

《明英宗实录》卷二八五

多誣。上曰，王誣奏其弟，欺罔朝廷，法本難恕。第念親親，姑從寬貸①。仍遣書切責之。

① 用毒藥害己等事　舊校改已爲己。

一四六一　天顺元年十二月十八日　命修衡州南岳祠

《明英宗实录》卷二八五

命修衡州南嶽祠。從尚寶司少卿凌①奏請也。

① 凌信　館本原有信字，影印本未印出。

一四六二　天顺元年　毁景帝后杭氏明楼

《万历野获编》卷三

比英宗復辟。禮臣胡濙始以爲言。上命遷后主於別室。時景帝違豫。未大漸也。未幾襄王瞻墡入朝。謁陵回奏。稱景陵明樓未建。而杭氏所葬明樓高聳。與長、獻二陵相等。乞毁之。上命如議。然而陵名固尚未立。又未幾帝與后俱廢矣。

一四六三 天顺元年 毁景帝所营寿陵 《明会要》卷一七

天順元年，毁景帝所營壽陵，以親王禮葬西山。至成化十一年，敕有司繕陵寢，祭饗視諸陵。（景帝紀。）

一四六四 天顺元年 建德王府 《明史》卷四一

濟南府

歷城倚。天順元年建德王府。

一四六五 天顺元年 始立易州山厂 《昭代典则》卷一七，并见《春明梦余录》卷四六

始立易州廠

山廠之設，專以燒薪炭供應內府。宣德五年，置於平山。繼遷沙峪口。景泰間，移置滿城縣西十里。天順元年，移置州城西北二里許，建部堂於中，環以土城。八府五州分治，以次而列，皆南向。部堂總其綱，府州縣佐貳官分理其事。民之執茲役者，歲億萬計，車馬輳集，財貨山積。

然昔以此州林木蓊鬱，便於燒採，今則數百里內，山皆濯濯然，舉八府五州數十縣之財力，屯聚於茲，而歲供猶或不足，民之膏脂，日已告竭，在易尤甚。

一四六六 天顺元年 赐额灵云寺

靈雲寺在府[1]南十里。天顺元年賜額。

《明一统志》卷一

①编者注：顺天府。

一四六七 天顺元年 改南观音寺为灵藏寺

靈藏寺在府[1]東南，舊名南觀音寺。正統十一年重修，天顺元年改今名。

《明一统志》卷一，并见《古今图书集成·职方典》卷四二

①编者注：顺天府。

一四六八　**天顺元年　修妙应寺**

《宛署杂记》卷一九

妙應寺舊名大聖壽萬安寺。因有白塔，一名白塔寺。元至正八年修，有塔記。至宣德八年勑修白塔。景泰八年，宛民郭福請于朝，修寺，賜今名。刑部侍郎童矩記。

一四六九　**天顺元年　赐额妙应寺**

《帝京景物略》卷四

白塔寺

凡塔級級筍立，白塔巍然蹲也。三異相，二異色，下廉以欄，爲蓮九品相。中丘以圜，爲佛頂光相。上蓋以霤，爲尊勝幢相。其白，堊色，非石也，今堊有剥而白無減。銅蓋上頂，一小銅塔也，蓋銅色青緑矣，頂燦然黄黄。塔自遼壽昌二年，相傳藏法寶種種，有光静夜，疑是塔然。至元八年，世祖發視之，舍利二十粒，青泥小塔二千，石函銅瓶，香水盈滿，前二龍王，跪而守護。案上，無垢淨光陀羅尼五部，軸以水晶，金石珠琢異果十種，列爲供，缾底一錢，錢文『至元通寶』四字也。世祖驚異，乃加崇飾，銅網石欄焉。元初，有童謡曰：『塔兒紅，北人來作主人翁。塔兒白，南人作主北人客。』謡載草木子古今諺。世祖時，塔色餤赤，及我太祖兵起淮陽，塔白如故。天順元年，賜額妙應寺，更造百八燈龕也。塔上有樹生之，花時亦花，高不甚辨，久久落熟爛果，其核杏也。歲元旦，士女繞塔，履屣相躡，至燈市盛乃歇。或言遼主於燕京五方，方鎮以塔，塔五色，兵燹後惟白塔靈異特存。今四色中，黑塔、青塔廢，其寺在，人呼黑塔寺、青塔寺云。

一四七〇　天顺元年　赐额妙应寺

燕都游覽志。天順元年，改妙應寺，賜額。成化元年，於塔座周圍甎造燈龕一百八座，以奉佛塔。相傳西方屬金，故建白塔鎮之。然同時元刱有五色塔，而今僅有黑塔在其後，餘湮沒莫考已。

春明夢餘錄。附近有黑塔寺、青塔寺。然寺存而無塔。

《图书集成·职方典》卷四二，并见《日下旧闻考》卷五二

一四七一　天顺元年　报恩寺更名昭宁寺

析津日記。報恩寺，天順元年更名昭寧寺。大學士李賢撰碑。

《图书集成·职方典》卷四二

一四七二　天顺元年　建安国寺

《图书集成·职方典》卷四五

行國録。安國寺在三里河之南一里，建於天順元年。其碑禮部尚書胡濙撰文，中書舍人陳翀書。

一四七三　天顺元年　建接待寺

《日下旧闻考》卷五九

〔原〕天順丁丑，僧慧庵建接待寺於宣武門右，正德丙寅始訖工，刑部尚書閔珪爲作碑記。析津日記

〔臣等謹按〕接待寺在炸子橋巷内，明正德二年刑部尚書閔珪碑尚存。文稱初修於天順丁丑，再修於正德丙寅，非自天順至正德乃訖工也。

〔增〕閔珪接待寺記略　宣武關外西隅有寺曰接待者，古刹也，而規模狹隘。天順丁丑，僧録左覺義兼大覺禪寺住持慧庵，同其徒無礙秉誠鳩集好善之士而宏建焉。至於今，徒孫可玉又從而新之。興工於正德丙寅二月，訖工於丁卯四月。正德二年六月立。

增 廣濟庵在玉河鄉池水村。五城寺院册

〔臣等謹按〕廣濟庵明天順八年碑一，僧道深撰。庭中有金承安五年四月僧行臻塔幢一。幢凡六面，一面刻佛頂尊勝陀羅尼梵本，又二面刻智炬如來心破地獄真言，皆梵書。又三面刻記文，係楷書。

增 僧道深廣濟庵開山碑畧　都城西十里許玉河鄉池水村五道聖廟之旁爲古刹觀音堂，歲久荒蕪。天順元年，廣慧禪寺首座瑞雲遇施地功德主惠普寬等喜捨建寺曰廣濟，以爲廣慧之下院。瑞雲諱法祥，金臺茂族，投白雲庵主廣無邊薙髮受業爲師，並著於記。天順八年五月。

增 金中都右街紫金寺故僧行臻靈塔記　臻公者寶坻縣青公臺東保君政第三男也，俗姓楊氏，承安三年遇恩具戒，於承安四年十二月十五日示寂。承安五年四月十三日寺主善珍建。

天顺二年

（一四五八年一月十五日至一四五九年二月二日）

一四七五　天顺二年正月三十日　太常寺卿程南云卒

《明英宗实录》卷二八六

太常寺卿兼
翰林院侍書，致仕程南雲卒。南雲，江西南城縣人，以善書與修
永樂大典，授中書舍人，陞吏部稽勳司郎中，兼翰林侍書。[1]供職
內閣，歷官至太常卿。[2]正統初，奉命書　長陵等碑。天順初，致仕。
至是卒，遣官諭祭，命有司營葬。

① 翰林侍書　廣本抱本林下有院字。
② 歷官至太常卿　廣本常下有寺字。

一四七六　天顺二年二月初一日　王府造坟例应地五十亩

《明英宗实录》卷二八七

瀋世子幼學奏，父康王覺蒙　聖恩遣
官安葬。但墳所狹隘，無地可立廬舍。乞於墳外復賜空地數畝。
奏下工部覆奏，王府造墳地畝已有定制。瀋王墳例應地五十
畝，若後增益，恐各王府援例不便。　上是之，遂不與。

一四七七　天顺二年二月初四日　修造宁府宗庙承运殿

《明英宗实录》卷二八七，并见《明英宗宝训》卷二

工部奏，修造寧府宗廟承運殿，及諸屋宇共三百八十四間。上曰，江西軍民艱難，有令①有司陸續用工，無促迫害事。

① 有令　廣本抱本作共令，是也。

一四七八　天顺二年二月初七日　令姑已岷王府造办祭器乐器

《明英宗实录》卷二八七，并见《明英宗宝训》卷二

丙申，工部請造岷王府①祭器、樂器二千五百七十餘事，雜料數萬。上以百姓艱難，令姑已之，②俟年豐造辦。

① 岷王府　影印本王字不明晰。

② 百姓艱難令姑已之　影印本此八字模糊。

一四七九　天顺二年二月十八日　修南海子行殿及桥

《明英宗实录》卷二八七，并见《日下旧闻考》卷七五

修南海子行殿及大橋①一小橋七十五。

① 大橋　抱本安本大下有紅字。

一四八〇　天顺二年二月二十一日　禁官民衣服花样颜色

《明英宗实录》卷二八七

禁官民人等衣服不得用蟒龍、飛魚、斗牛、大鵬、獅子、四寶相花、大西番蓮、大雲花様，及黄、柳黄、明黄、玄色、緑等衣服。

一四八一　天顺二年二月　暴风拔孝陵树木　朱国祯《大政记》卷一六

南京暴風，拔　孝陵樹木。

一四八二　天顺二年二月　暴风摧懿文陵殿　《明史》卷三〇，参见《同治上江两县志》卷二

天順二年二月，暴風拔孝陵松樹，懿文陵殿獸脊、梁柱多摧。

一四八三　天顺二年闰二月十一日　修沙河行殿　《明英宗实录》卷二八八，并见《国榷》卷三二

己巳，修沙河行殿。

一四八四　天顺二年闰二月十七日　令整理秦康王坟园　《明英宗实录》卷二八八

乙亥，書

復秦世子公錫曰，得奏謂父康王墳園之外未有種樹之地，欲親赴京陳情。其事已令所司整理。道途遼遠，可不必來。

一四八五　天顺二年三月初七日　有司营葬者宜令夫妇同坟茔　《明英宗实录》卷二八九

掌欽天監事禮部右侍郎湯序

奏二事。

一、自親王以下及文武

大臣之家，例當有司營塋者，往往夫婦異塋各造墳塋、享堂，不惟勞民傷財，抑且有乖禮度。今後宜令夫婦同墳塋、享堂，庶便於民，且合乎禮。事下禮部議，俱從之。

一四八六　天顺二年三月十九日　命修理懿文陵

丙午，南京守備太監周禮奏，二月九日暴風拔　孝陵松樹，及　懿文陵享殿等處獸脊，梁柱多脫落、損壞。　上命駙馬都尉焦敬往祭告、修理。

《明英宗实录》卷二八九

一四八七　天顺二年三月二十三日　大善殿奉先殿缺少乐器

庚戌，鐘鼓司太監虎兒奏，大善殿、奉先殿供用樂器缺少。南京工部見有補造樂器四百餘事，及南京鐘鼓司收守①新樂器二百餘事，乞令取用。從之。

《明英宗实录》卷二八九

① 收守　廣本抱本守作貯，是也。

一四八八　天顺二年三月二十三日　命锦衣卫百户自拓建梓潼神庙

錦衣衛百户林茂言，正統十四年　聖駕未回之時，臣日夜叩禱梓潼神，願　皇上早復天位。今果然，乞立祠，以酬神惠[①]。上命茂擇舊祠狹隘者自拓而建之。

《明英宗实录》卷二八九

① 以酬神惠　廣本惠作愿。

一四八九　天顺二年三月二十六日　命建处州府刘基祠堂

命浙江處州府建故開國翊運守正文臣資善大夫護軍誠意伯劉基祠堂。從其孫翰林院博士禄奏請也。

《明英宗实录》卷二八九

一四九〇　天顺二年四月初八日　皇太子初讲学于文华殿

皇太子初講學于文華殿，玉色和粹，音嚮洪亮[1]。侍臣瞻仰無不忻悦。是後每日讀書習字常在殿之東廂，即所謂左春坊也。以上退朝必御文華殿閱奏牘，故避居此云。

[1] 音嚮洪亮　廣本抱本嚮作響，是也。

《明英宗实录》卷二九〇

一四九一　天顺二年四月初十日　命修整文渊阁

命工修整文淵閣門窓，增置門墻。

《明英宗实录》卷二九〇

一四九二　天顺二年四月十一日　命修南京朝阳门楼

戊辰，命修南京朝陽門樓。

《明英宗实录》卷二九〇

一四九三　天顺二年五月初二日　器皿厂火

器皿厰火。遣工部都水司主事楊懋等下刑部獄。刑部論懋當杖還職。上復命錦衣衛拷訊之。

《明英宗实录》卷二九一

一四九四　天顺二年五月初二日　增造天地坛养牲房

增造天地壇養牲房三十餘間。

《明英宗实录》卷二九一

一四九五　天顺二年五月十九日　敕用南京形势大样图本进奏

以南京守備太監周禮、保安獻南京山川形勢、皇城殿宇、樓閣，并京城裏外衙門、街道等項畫圖，狭小不明，遣勑責之。别勑太監侯忠協、同禮等用大樣圖本畫貼明白進奏，以備觀覽。

《明英宗实录》卷二九一

一四九六　天顺二年五月二十四日　命将太清观真武庙给还道士

《明英宗实录》卷二九一

京城安定闗[1]外太清觀、真武廟，昔中官所營，正統中賜額，命道士王道昌主之。有地一百餘頃，畜牛五十餘頭，車五輛。天順初，都指揮同知孫紹宗奏請得之。會有旨皇親憑勢占奪田地，俱令退還。道昌緣是訴奏，上命地畝入官，廟觀、車牛給還道昌。

① 安定闗外　廣本闗作門，是也。

一四九七　天顺二年五月二十五日　命修理景陵香殿

《明英宗实录》卷二九一

辛亥，命工部修理景陵香殿。遣駙馬都尉石璟祭告。

一四九八　天顺二年六月二十三日　雷震大祀殿脊吻

《明英宗实录》卷二九二

是日骤雨，雷震　大祀殿脊吻。　上

命内官监修理之。

一四九九　天顺二年六月二十三日　雷震大祀殿鸱吻

《国榷》卷三二，并见《明史》卷二八，

《明通鉴》正编卷二八

己卯。雷震大祀殿鸱吻。

一五〇〇　天顺二年八月初二日　命给襄府造坟军匠口粮

《明英宗实录》卷二九四

命给襄府造墳軍匠口糧，每人日一升。

一五〇一　天顺二年八月初八日　命修祖陵祠祭署

《明英宗实录》卷二九四

癸亥，命修祖陵祠祭署。

一五〇二　天顺二年八月二十日　建山川坛斋宫

《明英宗实录》卷二九四

乙亥，建山川壇齋宫。遣工部尚書趙榮祭司工之神。

一五〇三　天顺二年八月二十日　立山川坛斋宫

《国榷》卷三二

乙亥。立山川壇齋宫。

一五〇四　天顺二年八月二十四日　敕谕李贤等编舆地之书

《明英宗实录》卷二九四

己卯，敕谕吏部尚书兼翰林院学士李贤、太常寺少卿兼翰林院学士彭时、翰林院学士吕原曰，朕惟天下舆地之广不可无纪载，以备观览。古昔帝王率留意焉。我文祖太宗皇帝尝命儒臣修之，未底于成。景泰间虽已成书，而繁简失宜，去取未当。今命卿等折衷群书，务臻精要。继成文祖之初志，用贻我朝一统之盛，以幸天下①，以传后世，顾不伟欤。卿等其尽心毋忽。

①以幸天下　广本幸作垂。

一五〇五　天顺二年八月二十四日　南京后军都督佥事张通卒

南京後軍都督僉事張通卒。通，鳳陽人，襲父職爲天津衛指揮僉事。永樂中，率卒徒修北京宫殿，從駕征北虜。至是卒，遣官致祭，命有司營葬。孫鏞襲天津衛指揮僉事。

《明英宗实录》卷二九四

一五〇六　天顺二年十月初十日　校猎南海子

是年十月十日，扈駕校獵南海子。海子距城南二十里，方百六十里，闢四門，繚以崇墉，中有水泉三處，獐鹿雉兎不可以數計，籍海户千餘守視。

《国朝典故》卷七二

一五〇七　天顺二年十月　帝猎南苑　《昭代典则》卷一七

帝獵南苑
苑在京城南二十里方一百六十里苑中有按鷹臺
傍有三海子皆元之舊也本朝稍增治之闢四門繚以
週垣獐鹿雉兎不可以數計籍海户千餘守視自永樂
定都以來歲時蒐獵於此每獵則海户縱騎士馳射于
中以訓武也是日長圍既合羽手畢集上親御弓矢命
勳戚武將應詔馳射獲輒獻之既畢賜酒饌以所獲分
賜從臣而歸

一五〇八　天顺二年十月　上校猎南苑　《大政纪》卷一三

十月上校獵南苑
苑在京城南二十里方一百六十里苑中有按鷹臺
傍有三海子皆元之舊也本朝闢四門繚以周垣獐鹿
雉兎甚多海户千餘守視自永樂定都以來歲時蒐獵
于此亦所以訓武也是日上親御弓矢命勳戚武將
應詔馳射獲輒獻之既畢賜饌以所獲分賜從臣而歸

一五〇九　天顺二年十一月初一日　修玉河东西堤

修玉河東西隄。

《明英宗实录》卷二九七

一五一〇　天顺二年十二月二十四日　建山川坛斋宫

戊寅，上召内閣臣李賢問曰，祭山川壇欲以勲臣代之，可乎。賢曰，有故須代，但　祖訓以為不可。　上曰，理當自祭，第夜出至彼無所止宿。已命工部於天地壇建一齋宫矣。賢曰，須減殺其制可也。上曰，固然。是後日未夕時　駕出至齋宫，祭畢至明而回。

《明英宗实录》卷二九八

一五一一 天顺二年十二月 建斋宫于社稷坛

朱国祯《大政记》卷一六

建齋宮於社稷壇。夜齋，明日行禮。

一五一二 天顺二年 撤中都中书省等衙门房

《国朝典故》卷三九

天順二年，奏准撤皇城①内中書省等衙門房五百餘間，依式重建。同上。

① 编者按：凤阳中都皇城。

一五一三　天顺二年　亲王以下先故者并造夫妇坟圹

万历朝《明会典》卷二〇三

天順二年奏准

親王以下。依文武大臣例。或

王。或妃。有先故者。幷造其壙。後葬者。止令所在官

司起倩夫匠。開壙安葬。

繼妃。則附葬其傍。同一享堂。不許另造

一五一四　天顺二年　文武大臣先故者并造夫妇坟圹

万历朝《明会典》卷二〇三

天順二年奏准文武大臣。官爲造墳者。夫故在

前。幷造妻壙。妻故在前。幷造夫壙。後葬者。止令

所在官司起倩夫匠。開壙安葬。繼室。則附葬其

傍。同一享堂。不許另造

一五一五 天顺二年 亲王以下先故者合造夫妇坟圹

天顺二年，禮部奏定，親王以下，依文武大臣例。或王、或妃先故者，合造其壙。後葬者，止令所在官司安葬。繼妃則祔葬其旁，同一享堂。

《明史》卷五九

一五一六 天顺二年 白塔寺改名妙应寺

遼白塔寺 建於壽昌二年，塔制如幢，色白如銀。至元八年，加銅網石欄。天順二年，改名妙應寺。附近有青塔寺、黑塔寺，然寺存而無塔。

《春明梦余录》卷六六，并见《天府广记》卷三八，《图书集成·职方典》卷四二

一五一七 天顺二年 白塔寺改名妙应寺

白塔寺 在阜城門內，遼壽昌二年建，塔製如幢，色白如銀，元至元八年，加銅網石欄，十六年，改爲聖壽萬安寺，明天順二年，改名妙應寺。

康熙朝《清一统志》卷五

一五一八　天顺二年　万安寺改名妙应寺

《茶余客话》卷九

白塔

妙應寺有白塔。遼壽昌二年建。制如幢。色白如銀。元至元八年加銅網石欄。改萬安寺。明天順二年改名妙應。今在阜成門內。

一五一九　天顺二年　赐玉虚观额

《图书集成·职方典》卷四五

析津日記。金有玉虛觀，元有玉虛宮。今之玉虛觀，未審即其遺址否。觀有正統中禮部尚書胡濙碑，刑部侍郎周瑄篆蓋，中書舍人胡謙書文。稱正統丁巳，錬師吳元眞來游斯地，其址已爲錦衣千戶呂儀別墅。有處士劉泰能言觀之舊蹟，錬師欲復之，呂因捨其地。於是總兵石亨捐貲以建。及歲己未夏，不雨。惠安伯張昇詣觀請師禱雨，有應。事聞，賜以綵緞。至天順二年賜額，御史李錫記其事焉。

一五二〇　天顺二年　赐通州靖嘉寺额

通州志。靖嘉寺，在州治東，原名慈恩寺。元至正二年建。天順二年賜今額。弘治十年災。正德十年重修建。俗呼爲大寺。

《图书集成·职方典》卷四九

天顺三年

（一四五九年二月三日至一四六〇年一月二十三日）

一五二一　天顺三年正月十二日　命礼部议为王振赠谥

《明英宗实录》卷二九九

僧録司右覺義兼智化寺住持僧然勝奏，故太監王振有功社稷，賜祠額名旌忠，已立旌忠碑於祠前。乞賜贈謚，實萬世旌忠之勸。命禮部議之。

一五二二　天顺三年正月二十八日　俟年丰起建晋王府门殿

《明英宗实录》卷二九九

辛亥，晉王鍾鉉奏，本府承運殿并兩廓等處①房屋，歲遠朽敝②，及體仁外門火燬未建。乞勅山西有司蓄料督工，俟時修造。事下工部。言本府房屋數多，該用工料以百萬計。即今山西人多艱窘，請移文都、布二司③，俟年豐民裕之日爲王啟建④。從之。

① 並兩廓等處　廣本抱本安本廓作廊，是也。
② 朽敝　舊校改柄作朽。
③ 請移文都布二司　廣本文下有於字。
④ 爲王啓建　廣本抱本啓作起，是也。

一五二三　天顺三年正月三十日　修安定门桥

《明英宗实录》卷二九九

修安定門橋。

一五二四　天顺三年正月　命官员往淮徐督运大木

《大政纪》卷一三，并见《国朝典汇》卷一九三

命工部右侍郎翁世資往淮徐督運大木。

一五二五　天顺三年二月二十七日　增置通州大运仓

《明英宗实录》卷二〇〇，并见《国榷》卷三二

增置通州大運倉。

一五二六　天顺三年二月　诏风雷山川坛壝创斋宫

二月，诏風雷山川壇壝創一齋宫。時祭風雷山川之神，壇在城外。上不欲夜出，問李賢可以勳臣代之否。賢曰：果有故，亦須代，但祖訓以爲不可。上曰：今後當自夜出至彼，無所止宿，欲效天地壇爲一齋宫，如何。賢曰：可，但宜減殺其制。上曰：既有止宿，日未下時至彼，祭畢拂曙而回，庶免夜間出入。賢頓首曰：聖慮極是。

《大政纪》卷一三

一五二七　天顺三年三月初八日　修南京銮驾库

修南京鑾駕庫。

《明英宗实录》卷三〇一

一五二八　天顺三年三月初十日　令修补南城翔凤等殿

《明英宗实录》卷三〇一

𢀖(革)余(先)間(閒)建隆福寺[①]，命内官監拆南城翔鳳等殿石闌干用之。至是，上密知其故，繫太監陳謹等四十五人下錦衣衛鞫之。既而鎖項，令修補完備，各降其職。

① 隆福寺 抱本隆作龍。

一五二九　天顺三年三月初十日　增建南内翔凤等殿

《国榷》卷三二

壬辰。增建南内翔鳳等殿。拓之。

一五三〇　天顺三年四月初四日　增建南内殿宇

《明英宗实录》卷三〇二

增建南内殿宇，命太監黄順①、都督僉事趙輔、工部尚書趙榮董其事。

① 黄順　廣本安本黄作王。

一五三一　天顺三年四月初六日　赐诸大臣游西苑

《水东日记》卷四〇，参见《图书集成・职方典》卷五，《日下旧闻考》卷三五

天順三年四月六日早，有旨賜侍郎、僉都御史、通政、詹事、學士、卿尹等官若干游西苑，先酒飯於左順門東北廊訖，趨右順，出西華、西上、西中、西苑四門，北入椒園，至行殿。殿枕太液池，下瞰如鏡。出北行至圓殿，繇東城門入上殿。殿前古松極奇怪，又置翠屏岩，郭公磚，木變、太湖等石。從西城門下，北至太液，歷御橋，再北至萬歲山，繇西路入山徑，傍有仙人、老虎洞。抵絶頂，入廣寒宫。兩傍圓亭，東曰玉虹，西曰金露。兩亭下次第又各兩殿，東曰方壺，次曰介福，西曰瀛州，次曰延和。山半坪間有仁智殿舊址。自東路出山至九間殿，過黄船廠，過北閘口行殿，又西從湖岸折而南，至養牲房，所養者皆珍禽。經虎城至小山子，又名賽瀛州，前後左右皆有殿，中兩傍有水閣，山頂之殿狀如廣寒殿，前有水碎出山腰，垂如珠簾然。流至石池西流，從石龍口吐出，復伏流山下殿前。殿之前鑿石爲流觴曲水，水拆流至東池。衆皆小憩，啜茶畢，出此復南，入湖中，過橋亭，至南臺行殿。前有石砯直階約數十步至水中，是爲釣磯。前所歷覽，皆上游幸所也。既而賜宴於殿之左。既出，仍繇西苑門入，至西華謝恩叩首，始各散歸，酩醉者多。前此，内閣尚書等有賜，此不能記。

一五三二　天顺三年四月初六日　赐诸大臣游西苑

天順

己卯四月六日，有旨，賜諸大臣遊西苑。命中貴人引大學士李賢、吏部尚書王翺與時等數人往。苑在宫垣西，中有太液池，周十餘里，池中架橋梁以通往來。橋東為圓臺，臺上為圓殿，殿前有古松數株。其北即萬歲山，山皆太湖石堆成。上有殿亭六七所，最高處乃廣寒殿也。池西南又有一山，如之。最高處為鏡殿。此皆金元時所造。其餘殿亭皆今制。而西稍南曰南臺，則宣廟常幸處也。是日，賜宴於此，皆霑醉而歸。或有醉失儀者，而學士李紹執禮逾恭。時與賢皆記其事。明年如之。

《翰林记》卷一六，参见《彭文宪公笔记》

一五三三　天顺三年四月初六日　赐诸大臣游西苑

《春明梦余录》卷六四，并见《天府广记》卷三七，《图书集成・考工典》卷五四，参见《图书集成・职方典》卷五，《日下旧闻考》卷三五

韓雍賜遊西苑記：天順三年夏四月六日，賜公、卿、大臣以次遊西苑。是日早朝退，召見文華殿，賜宴殿之西廡而出，遂由西華門而西，可百步許，入西苑門，卽太液池之東南岸也。池廣數百頃，維時時雨初霽，旭日始昇，池之上烟霏蒼莽，蒲荻叢茂，水禽飛鳴、遊戲於其間。隔岸林樹陰森，蒼翠可愛，心目爲之開明。廼折北循岸而行，可二三里，至椒園。園內行殿在叢樹中。殿之北有釣魚臺，南有金魚池，水清澈可鑑。一茶而出，又北行可三四里，至圓殿，觀燈之所也。殿臺臨池，環以雲城，中官旋開門以入，歷階而登。殿之基與睥睨平，古松數株，高參天，衆皆仰視。時則晴雲翳空，炎光不流，暖風徐來，花香襲人。衆皆倚睥睨而窺。其西以舟作浮橋，横亘池面。北則萬歲山在焉。又茶而出，北渡石橋以登兹山。山在池之中，磊石爲之，高數千仞，廣可容萬人。山之麓，以石爲門，爲垣。門之内稍高有小殿，環殿奇峯怪石萬狀，悉有名卉嘉木，争妍競秀，琴臺、棋局、石牀、翠屏之類分布森列。峯有最奇者名翠雲，上刻御製詩。琴臺上横郭公磚，擊之皆鏗鏗有聲。遂沿西陂北上，有虎洞、吕公洞、仙人菴；又上，有延和，有瀛洲，有金露，皆殿名。瀛洲之西，湯池之後，有萬丈井，其深不可測。由金露折而東，上絶頂，則廣寒殿也。高廣明靚，四壁雕彩雲累萬，結砌而成。觀畢復出，徘徊周覽，則都城萬雉，烟火萬家，市廛、官府、僧寺、浮圖之高傑者，舉集目前。近而太液晴波，天光雲影，上下流動；遠而西山、居庸叠翠西北，帶以白雲，東而山海，南而中原，皆一望無際，誠天下之奇觀也。久之，東下至玉虹，又下而南至方壺，至介福，皆與廷和諸殿相對峙，

而方壺、瀛洲則左右廣寒而奇特者也。路逕縈紆，臺閣岩洞之屬，不能具覽。又下至山之東麓，過石橋，復折北循岸數百步，至九間殿。門外繫五六小舟，稍北有船房，苫龍船其中。又北行數里，至北閘。上横小亭，鈞竿數十，綫餌具備，垂之清流，嘉魚紛集。又茶而起，沿池之北岸而西。西盡，復折而南，有蓄水禽之所二，相去數里，皆編竹如窻，下通活水，啓扉以觀，鳥皆翔鳴。又南至浮橋西，圓殿對岸也。有公所，太監延入坐，供以湯餅。復出而南，數里至小教場，觀勇士習御馬。又西南至小山子，名賽蓬萊。入其門，有殿。殿前一大池，中通石橋，東西二小閣立水中。橋南有娑羅樹，人所罕見。殿之後復有三殿，其階益上益高，至絶頂，則與萬歲山坤艮相望。絶頂下至第三殿之前，蓄水作機，瞰其下有水簾洞，洞之中作金龍，決其水下而觀之，連珠掩洞，形稱其名。龍口中亦噴水，水皆從前殿基下陰渠之内過，而至於其殿之前，鑿石爲曲渠，復作龍頭於其西，水至出龍口旋繞而東，可以流觴者。衆坐玩久之。太監劉摘新杏分啗諸人，人各摘奇花插於鬢。又一茶，乃循故道出，東南行數里，至小石橋。橋上有亭。過而上崇坡，爲南臺。臺之中有行殿，殿之南門外臨流作小軒，衆皆坐息軒中。少頃，太監遣人邀入殿之東廡，赴所賜宴。敘坐以位，器什貴重，品味豐潔。太監諭旨歡飲，中官、庖臣循環獻酬，酒既芳冽，杯復連引。既久，衆酣醉，遂趨出。太監亦皆出至橋亭，追余與姚侍郎等數人還坐亭中，復諭勸，且曰：諸君宜知此。因復酌數巨觥。予輩遂大醉，折北出西苑門，從吏扶掖以歸，已晡時矣。

一五三四　天顺三年四月初十日　赐东宫及诸王庄田

《明英宗实录》卷三〇二

賜 東

宮及諸王莊田①。以昌平縣湯山莊、三河縣白塔莊、朝陽門外肆號廠②官莊賜 東宮。西直門外新莊村并果園、固安縣張華里莊賜德王。德勝門外伯顔莊、鷹坊莊、安定門外北莊賜秀王。

① 及諸王　影印本及字不清楚。

② 朝陽門外肆號廠　廣本抱本肆作四。

一五三五　天顺三年四月二十八日　襄陵王请预造生坟

《明英宗实录》卷三〇二，参见《明英宗宝训》卷一

己卯，襄陵王沖秌奏，臣妻故，欽蒙營葬，今將訖工。臣年就衰老，乞勅有司即以原修造工料，爲臣及妃預爲生墳，則事易成功。臣没世之時，免重勞人力。事下工部。言郡王預造生墳，舊制所無①，不可從。上是之。

① 舊制所無　廣本制作例。

一五三六　天顺三年四月三十日　疏濬自通州抵扬州河道

《明英宗实录》卷三〇二

工部奏，国家大计莫先於粮运。今閒自通州以南直抵扬州，河道胶浅，粮运艱行。[1] 宜馳文于管河道军民官，令量起附近衛所府州縣軍民設法疏濬。其水塘泉源亦須疏通以濟運河。從之。

① 糧運艱行　廣本艱作難。

一五三七　天顺三年四月　增建南内殿宇

朱国祯《大政记》卷一六，并见《明书》卷八

增建南内殿宇。

《春明梦余录》卷六四，并见《天府广记》卷三七，《图书集成·考工典》卷五四，《图书集成·职方典》卷五，参见《日下旧闻考》卷三五

一五三八　天顺三年四月　赐诸大臣游西苑

李賢賜遊西苑記：天順己卯首夏月吉日，上命中貴人引賢與吏部尚書王翺數人遊西苑。明年，亦如之。又明年，亦如之。初入苑，門即臨太液池，蒲葦盈水際，如劒戟叢立，芰荷翠潔，清目可愛。循池東岸北行，榆、柳、杏、桃，草色鋪岸如茵，花香襲人。行百步許，至椒園，松、檜蒼翠，果樹分羅。中有圓殿，金碧掩映，四面豁敞，曰崇智。南有小池，金魚作陣，遊戲其中。西有小亭臨水，芳木匝之，曰翫芳。又北行至圓城，自兩腋洞門而升，上有古松三株，枝幹槎枒，形狀偃蹇，如龍奮爪拏空，突兀天表。前有花樹數品，香氣極清。中有圓殿，巍然高聳，曰承光。北望山峰，嶙峋崒嵂；俯瞰池波，蕩漾澄澈。而山水之間，千姿萬態，莫不呈奇獻秀於几窻之前。西有長橋，跨池下。過石橋而北，山曰萬歲，怪石參差。爲門三，自東西而入，有殿倚山左右，立石爲峰，以次對峙。四圍皆石，贔屭齟齬，薜荔蔓絡，佳木異草，上偃旁綴，樛葛薈翳。兩腋疊石爲磴，崎嶇折轉而上，巖洞非一。山畔並列三殿：中曰仁智，左曰介福，右曰延和。至其頂，有殿當中，棟宇宏偉，簷楹翬飛，高插於層霄之上。殿内清虚，寒氣逼人，雖盛夏亭午，暑氣不到，殊覺曠蕩瀟爽，與人境隔異，曰廣寒。左右四亭，在各峰之頂，曰方壺、瀛洲、玉虹、金露。其中可跂而息，前崖後壁，夾道而入，壁間四孔，以縱觀覽，而宮闕崢嶸，風景佳麗，宛如圖畫。下過東橋，轉峰而北，有殿臨池，曰凝和。二亭臨水，曰擁翠、飛香。北至艮隅，見池之源，云是西山玉泉逶迤而來，流入宮牆，分泒入池。西至乾隅，有殿用草，曰太素。殿後草亭，畫松、竹、梅于上，曰歲寒。門左有軒臨水，曰遠趣軒。前草亭曰會景。循池西岸南行，有屋數連，池水通焉，以育禽鳥。有亭臨水，曰映輝。又南行數里許，有殿臨池，曰迎翠。有亭臨水，曰澄波。東望山峰，倒蘸於太液波光之中，黛色

嵐光，可掬可挹，烟靄雲濤，朝暮萬狀。又西南有小山子，遠望鬱然，日光横照，紫翠重疊。至則有殿倚山，山下有洞。洞上石岩横列，密孔泉出，迸流而下，曰水簾。其淙散激射，最爲可翫。水聲泠泠然，潛入石池。龍昂其首，口中噴出，復潛繞殿前，爲流觴曲水。左右危石盤折爲徑，山畔有殿翼然。至其頂，一室正中，四面簾櫳，欄檻之外，奇峰回互，茂樹環擁，異花瑶草，莫可名狀。下轉山前，一殿深静高爽，殿前石橋隱若虹起，極其精巧。左右有沼，沼中有臺，臺外古木叢高，百鳥翔集，鳴聲上下，至於南臺林木陰森。過橋而南，有殿面水，曰昭和。門外有亭，臨岸沙鷗水禽，如在鏡中。遊覽至此而止。大官珍饌，極其醉飽以歸。夫一張一弛，文武之道，賜遊西苑，有弛之意焉。然張可久，而弛不可多，以歲計之，弛纔一日，則又未嘗不致謹也。於是乎記。

《日下旧闻考》卷九六

一五三九　天顺三年四月　立敕赐永隆寺碑

〔增〕永隆寺在阜成關外香山鄉漏澤園，卽地藏寺。五城寺院册

〔臣等謹按〕永隆寺，明正統間修，初名地藏寺，後改永隆禪寺。碑二：一天順三年翰林學士西秦黄諫撰，一嘉靖二十四年左中允兼修撰姚江孫陞撰。

〔增〕黄諫永隆寺碑畧　金僊大覺氏之宫，崇構大興，殿閣相望者，莫京師爲盛。而占據幽勝，尤莫西山若也。西山距都城三四十里，遊者朝出夕疲。去阜成門西二里許，岡阜隱然疊起，若拱若伏，嘉林沃壤，宜樹宜稼，是近城之幽勝又莫是若也。據幽勝之所，舊有地藏寺基，相傳爲金源氏時建，以無碑識，弗可考。正統改元，僧録司右善世關西杲公，因往來西山經此，深爲慨然。命弟子無照鏡公曰：是古刹勝地，不可廢也。鏡公領其事，日除榛莽，闢土地。工未畢，杲公示滅。鏡公受僧録司牒主其衆。歲癸亥，勅賜永隆禪寺。今年夏，諫使自安南回，葬亡子珌於寺後隙地，刻權厝文於石瘗之。時鄱陽深公方説楞嚴諸經，乃偕鏡公請曰：維是寺之成壞，托之斯文，敢請書於堅珉，以傳弗窮。天順三年，歲在己卯，夏四月，開山第一代住持慧鏡立石。

一五四〇 天顺三年六月初十日 南城之西起盖殿宇兴工 《明英宗实录》卷三〇四

庚申，遣工部尚書趙榮告司工之神。以是日於南城之西興工起蓋殿宇故也。

一五四一 天顺三年六月二十二日 禁盱眙第一诸山伐石立窑 《明英宗实录》卷三〇四

南京祠祭署奉祀朱鏞言，盱眙第一諸山雖隔淮河，然朝拱 祖陵。緣民伐石、立窯，恐殘地脈，亦不容其對山以塹[①]。上命中都留守司究其已對塹者遣之，填塞其伐石、立窯之處。仍命都察院揭榜禁約。

① 亦不容其對山以塹 廣本抱本安本不下有宜字，是也。

一五四二　天顺三年六月　重建法林寺竣工

《日下旧闻考》卷五九

原 遼道宗清寧八年，楚國大長公主捨諸私第，創厥精廬，奉勅以竹林爲額。奉福寺尊勝陀羅尼幢

原 竹林寺，金熙宗駙馬宫也。寺僧云，一塔無影。金臺集

〔臣等謹按〕竹林寺景泰中重建，易名法林，在筆管衚衕，今已廢爲菜圃，無寸椽矣。有明天順中翰林學士呂原碑，其塔今無可考。

原 國少浮屠氏，有趙崇德者，爲燕都運，未六十休致爲僧，自爲大院，請燕竹林寺慧日師住持，約供衆僧三年費。松漠紀聞

原 戊申三月，劉彦宗搜索舉人赴燕山就試，於竹林寺作試院，南北同院異場引試，二月十七日引試北人詩賦一場，二十八日引試南人三場，至三月二十七日開院，北四百人取六分，南六千人取五百七十一人。劉彦宗云，第一番進士須寬取誘之。燕雲録

原 果囉洛納延竹林寺詩　城南天尺五，祇樹給孤園。甲第王侯去，精藍帝釋尊。老僧誇塔影，稚子斲松根。何日天台路，相從一問源?金臺集

增 呂原新建法林寺記略　宣武門西南二里有故址焉，耆老相傳其先竹林禪寺也。雖荆榛瓦礫之區，而規模猶彷彿可見。正統中，釋惠灝訪得其地。景泰中，司禮太監興覺滿等修之，請於朝，得賜今額，經始於景泰二年七月，竣於天順三年六月，前後凡十年。天順三年立。

一五四三　天顺三年七月初一日　遣官提督运楠杉木赴京

《明英宗实录》卷三〇五

工部奏，徐州、夾溝、呂梁三堡積聚楠杉木，欲運赴北京大木廠，宜遣官提督。上命工部侍郎翁世資同都督僉事趙輔往。

一五四四　天顺三年七月初九日　南城之西殿宇竖柱上梁

遣工部尚書趙榮祭司工之神①。以是日於南城之西起造殿宇竪柱上梁也。

①祭司工之神　廣本祭上有致字。

《明英宗实录》卷三〇五

一五四五　天顺三年七月　赐游南城

《翰林记》卷一，参见《彭文宪公笔记》，《图书集成·职方典》卷四四，《图书集成·考工典》卷五六，《日下旧闻考》卷四〇

是年七月，賜尚書王翱、馬昂并內閣學士三人遊南城。中有宮殿、樓閣十餘所，此宣廟與上遊幸處也。是秋新作行殿一所。東為蒼龍門，南為丹鳳門，中為龍德殿，左右曰崇仁、廣智。殿之北有橋，橋皆白石，雕水族於其上。南北有飛虹、戴鰲二牌樓。東西有天光、雲影

欽定四庫全書　翰林記　卷十六　十八

二亭。又北疊石為山，曰秀巖山。上有圓殿，曰乾運。其東西二亭，曰凌雲，御風。山後為佳麗門，又後為水明殿，最後為圓亭。引流水繞之，曰環碧。移植花木，青翠蔚然，如夙成者。既畢工，乃命時與學士李賢、呂原往觀焉。受命頒行者太監裴當也。宴畢乃回。南城即東苑。

一五四六　天顺三年八月初六日　盖造南京山川坛殿宇完毕

乙卯，遣南京守備魏國公徐承宗祭后土之神。南京工部尚書王永壽祭司工之神。以南京山川壇殿宇被災，命工盖造完畢也。

《明英宗实录》卷三〇六

一五四七　天顺三年八月初十日　兴工修理皇陵白塔坟

己未，以　皇陵正殿、齋宫①、靈星門、白塔、債殿宇等處滲漏、損壞，是日興工修理。遣駙馬都尉焦敬祭后土之神。

①齋宫　廣本抱本齋作齋，是也。

《明英宗实录》卷三〇六

一五四八　天顺三年九月十四日　修造内府宝钞司

修造内府寶鈔司庫作等房。

《明英宗实录》卷三〇七

一五四九　天顺三年九月十九日　命驸马都尉督修皇陵殿宇

戊戌，命駙馬都尉焦敬往鳳陽①督修　皇陵殿宇。

①焦敬往鳳陽　廣本敬下有前字。

《明英宗实录》卷三〇七

一五五〇　天顺三年十月初四日　乞敕王府自后造作勿令扰民

《明英宗实录》卷三〇八

都察院左佥都御史王儉等官①奏，各王府造作多出己貲，惟喪葬勤勞軍民。今大同城中見有代府等十三府，將軍、儀賓宅第三十餘處，未出閤郡王、將軍及郡縣主又不知其數。凡有造作輙奏求軍夫、工料。見今修理府第尚有一十餘所②未完，軍衛、有司供給不暇。况大同城中止有一縣、兩衛，而王府校尉、庫子、厨役及長史司皂隷，役使人數俱在內取撥。近又奏，每王府僉上等民戶。一家作菜戶不過二三年間，上戶消耗，③又别僉代。由是民間轉貧。乞勅王府自後造作勿令擾民，及令有司勘視山西所屬地方，堪以建立王府處，量移幾府居住。上命工部計議以聞。

① 王儉等官　廣本無官字。
② 尚有一十餘所　廣本無一字。
③ 上戶消耗　廣本耗作乏。

一五五一　天顺三年十月初八日　修造东岳庙仁安殿

修造東嶽廟仁安殿。從濟南府奏請也。

《明英宗实录》卷三〇八

一五五二　天顺三年十月初十日　特允舍山大长公主营生坟

大長公主以年老奏求工料營生墳。工部奏無例。上特允之。舍山

《明英宗实录》卷三〇八

一五五三　天顺三年十月　南内离宫成

冬十月南内離宫成。

《昭代典则》卷一七，并见《国朝典汇》卷一九二

一五五四　天顺三年十一月初一日　京都城隍庙火

《明英宗实录》卷三〇九

京都城隍廟火。

一五五五　天顺三年十一月初三日　增盖通州仓廒三百间

《明英宗实录》卷三〇九

辛巳，增蓋通州倉廒三百間。從侍郎劉本道奏請也。

一五五六　天顺三年十一月二十日　修宣武东直二门水关闸坝

《明英宗实录》卷三〇九

修宣武、東直二門水關閘壩。

一五五七 天顺三年十一月二十二日 南内增置殿宇俱成

《明英宗实录》卷三〇九，参见《图书集成·考工典》卷四四，《日下旧闻考》卷四〇

初，上在南內，悦其幽靜。既復位，數幸焉。因增置殿宇。其正殿曰龍德，左右曰崇仁、曰廣智。其門曰丹鳳，東曰蒼龍。正殿之後鑿石爲橋。橋南北表以牌樓，曰飛虹、曰戴鼇①。左右有亭，曰天光、曰雲影。其後疊石爲山，曰秀巖。山上正中爲圓殿，曰乾運。其東西有亭，曰凌雲、曰御風。其後殿曰永明，門曰佳麗。又其後爲圓殿一，引水環之，曰環碧。其門曰靜芬、曰瑞光。別有館曰嘉樂、曰昭融。有閣跨河，曰澄輝。皆極華麗。至是俱成。後又雜植四方所貢奇花異木於其中。每春暖花開，命中貴陪內閣儒臣賞宴②。

① 戴鼇 廣本作戴鰲。

② 陪內閣儒臣賞宴 舊校改賞宴作宴賞。廣本賞下有焉字，是也。

一五五八　天顺三年十一月二十九日　命修南京功臣庙

命修南京功臣廟。從南京大常寺奏也。

《明英宗实录》卷三〇九

一五五九　天顺三年十一月　南内离宫成

十一月。南内離宫成。

《大政纪》卷一三，并见《明通纪述遗》卷六，《明书》卷八，《二申野录》卷二

一五六〇 天顺三年十一月 增置南内各殿告成

《涌幢小品》卷四

南内

南城在大内東南。英皇自虜歸居之。其中翔鳳等殿石欄干，景皇帝方建隆福寺，命内官悉取去，爲用。又聽姦人言，伐四圍樹木。英皇甚不樂。既復辟，悉下内官陳謹等四十五人于獄。令鎖項修補完備，各陞其職。尋將增置各殿。三年十一月告成。正殿曰龍德，南門曰丹鳳。殿後聚石爲橋，其後壘石爲山，曰秀巖。山頂正中爲圓殿，曰乾運。又其後爲圓殿，引水環之。左右列以亭館，雜植奇花異卉其中。春暖花開，命中貴陪内閣儒臣賞。

一五六一　天顺三年十一月　南内宫殿成

朱国祯《大政记》卷一六

南内宫殿成。命内阁儒臣宴赏。

一五六二　天顺三年十二月十五日　以南内殿宇工完颁赏

《明英宗实录》卷三一〇

赐太监黄顺银三十两，紵丝二表。[①] 都督佥事赵辅、工部尚书赵荣、侍郎蒯祥、陆祥各银二十两，紵丝二表里。内官黎贤[②]等各银十两，紵丝一表里。内官徐福、主事彭璨[③]各银五两，绢二疋。都指挥所丞等官及工作军士人等各赏银、钞、绢、布有差。以成造南内殿宇工完故也。

① 表里　影印本里字未印出。
② 黎贤　广本黎作李。
③ 彭璨　广本璨作𤏣。

一五六三　天顺三年十二月十七日　内官监为石亨造房屋复入官

初，内官监为忠国公石亨造房屋大小三百八十六间。至是復入官。

《明英宗实录》卷三一〇

一五六四　天顺三年十二月二十八日　增盖大木厂房

增盖大木廠房。初，以廠房三千六百餘間損壞，令内官監右監丞謝乾、工部右侍郎翁世資督工修理。至是，以新運木多，遣都督僉事趙輔督軍夫一萬名，增盖四千餘間。

《明英宗实录》卷三一〇

一五六五　天顺三年十二月二十八日　增大木厂舍

丙子。增大木廠舍。

《国榷》卷三二

一五六六　天顺三年　作南内离宫

《明书》卷八四

天順三年。作南內離宮。

一五六七　天顺三年　诏允修葺东岳庙

乾隆朝《泰安府志》卷二六

重修東嶽廟記　薛瑄

東嶽泰山之神，故有廟在山之陽。朝廷有大典禮、大政務，則遣使告焉。廟屋既久，多圮漏弗治。先是守臣嘗奏請修建，而未克底完。天順己卯，泰安州復以其事達之濟南府，因以上請，詔允修葺。

一五六八　天顺三年　令通州增置仓廒三百间

一天順三年，令通州新城增置倉厫三百間。

《图书集成·考工典》卷六一

一五六九　天顺三年　重建凤阳府大龙兴寺

大龍興寺在府治北，洪武間撤中都宫室名材建，規模宏壯。設僧録官一員住持。降龍興寺印拜進表箋用。賜田地山場以供僧用。正統五年，寺燬于大火。天順三年，住持左覺義肇常奏准，撤皇城内中書省等衙門房五百餘間，依式重建。

《中都志》卷三

一五七〇　天顺三年　重建崇寿禅寺落成

《日下旧闻考》卷一三四

〔原〕中峯下有寺曰大延聖寺，正統十二年重修，賜額曰法華。弘治十年，翰林學士汪諧淨業堂記碑，今斷。寺西上半里爲松棚庵，門内外各一松。北上一里，鐵壁寺塔，曰延聖塔，弘治四年建。塔前有釋行倫詩碑，弘治八年立。山北四十里爲井兒谷，又一里玉峯山，山石盡白，樹多蘋婆果。林中有大萬聖寺，土人呼張開寺，像設皆石。入山者取道二：一從白泛嶺入，路險難；一從三思嶺、牛蹄嶺入，差平。帝京景物畧

〔補〕銀山[①]之上有寺曰法華，太監吴亮所建也。山下有寺曰崇壽，亦亮所建。寺有碑，成化十二年九月立。翰林國史院編修仁和汪諧撰文，鴻臚寺序班上虞何洪書。木葉山花記

〔補〕汪諧崇壽寺碑　銀山之下興壽村，有寺曰九聖，建自遼壽昌間，滿公禪師所刱也。宣德辛亥春，司設監太監吴亮先建巨刹於山上。正統戊辰，英廟駕幸北山，賜額曰法華禪寺。既而詢知九聖爲遼金古刹，憫其傾圮，復捐貲庀財，創大雄殿於寺之中，設三世佛像於殿後，建伽藍祖師堂於殿之旁，立天王殿於殿前，竪鐘鼓樓於山門内之左右，廊廡庖湢，莫不備具。經始於天順丁丑春，落成於己卯秋。聞於朝，賜額曰崇壽禪寺。昌平州志

① 编者注：昌平银山